U0626623

# 平茬措施对柠条锦鸡儿林
# 更新复壮的影响研究

主编 郭月峰

副主编 姚云峰 祁 伟

科学出版社

北 京

# 内 容 简 介

本书以不同平茬措施对柠条锦鸡儿林更新复壮的影响为主题，在全面调查研究区不同立地条件、林分特征等前提下，分析了不同平茬措施对柠条锦鸡儿林更新复壮的影响；介绍了柠条锦鸡儿细根分布特征及其与土壤水分的关系，柠条锦鸡儿细根根长和游离氨基酸含量对坡位的响应；阐述了平茬措施对柠条锦鸡儿生长特性、地上部分生理特征、根系静态生理生态特征、细根动态生理生态特征的影响等。在此基础上，本书提出了以柠条锦鸡儿林更新复壮为目标，兼顾生态、经济及社会效益协调发展的最优平茬措施。

本书可供从事林学、生态学、植物学等相关研究的科技工作者，以及大专院校相关专业师生参考。

**图书在版编目（CIP）数据**

平茬措施对柠条锦鸡儿林更新复壮的影响研究/郭月峰主编. —北京：科学出版社，2020.3
　　ISBN 978-7-03- 063953-0

Ⅰ. ①平… Ⅱ. ①郭… Ⅲ. ①柠条–森林保护–研究 Ⅳ. ①S793.3

中国版本图书馆 CIP 数据核字(2019)第 293038 号

责任编辑：陈　新　赵小林 / 责任校对：郑金红
责任印制：吴兆东 / 封面设计：刘新新

科 学 出 版 社 出版
北京东黄城根北街 16 号
邮政编码：100717
http://www.sciencep.com

**北京虎彩文化传播有限公司** 印刷
科学出版社发行　　各地新华书店经销
\*

2020 年 3 月第 一 版　开本：720×1000 1/16
2020 年 3 月第一次印刷　印张：11 1/2
字数：232 000
**定价：108.00 元**

（如有印装质量问题，我社负责调换）

# 《平茬措施对柠条锦鸡儿林更新复壮的影响研究》
## 编委会

主　编：郭月峰

副主编：姚云峰　祁　伟

**参编人员**（以姓氏笔画为序）：

王　卓　王　娟　王　慧　王　鑫　　王佳坤

仲　宸　刘　璐　刘晓宇　祁　伟　　姚云峰

高玉寒　郭月峰　徐雅洁　尉迟文思　董晓宇

# 前　言

灌木林作为一种自然生态系统，对我国干旱、半干旱地区的生态发展和经济建设起着重要作用。它结构复杂、光能固定率高，对环境影响力较大，广泛分布于我国干旱、半干旱地区的多年生灌木植物，具有耐寒、耐旱、耐高温、耐沙埋、适应性强、生长快等特性，可防风固沙、保持水土、改良土壤，有些还是优质的灌木饲料资源，具有较高的生态经济价值。但是在生长一定年限后，木质化现象严重，输送养分和水分的能力逐渐减弱，枝条干枯甚至全株死亡，造成灌木林的退化，进而引发土地沙化，以及生态环境的恶化。

柠条锦鸡儿（*Caragana korshinskii*）为豆科（Fabaceae）锦鸡儿属（*Caragana*）灌木类植物，俗称大柠条、老虎刺等，可简称柠条。因其地下根系庞大且地上枝条再生能力强，不仅耐寒耐热、耐风蚀干旱，而且极易繁殖、生长速度极快，柠条锦鸡儿成为内蒙古农牧交错带重要的水土保持造林树种。柠条锦鸡儿具有良好的生态和经济价值，以及极强的适应性和抗逆性，在受到干旱胁迫时能自身进行水分调节，降低蒸腾作用并减少水分散失，胁迫解除后，可迅速恢复生长。但如果在种植柠条锦鸡儿的时候，未对立地条件、群落结构、物种关系等因素进行综合考虑，只是单一、高密度地种植，导致柠条锦鸡儿种植不合理，在生长 6～8 年后便开始出现生长衰退、生产力下降等现象，最终严重降低其生态、经济效益。

为了充分发挥人工灌木林的防护功能及其多种效益，必须采取一定措施提高灌木林的覆盖面积和生物生产力。平茬属于一种重要的更新复壮技术，对恢复植物生态经济价值具有积极作用。经过平茬的刺激作用，柠条锦鸡儿根颈部萌生不定芽，在根部积累的大量养分供应下，迅速生长成林。但是，平茬对柠条锦鸡儿的更新复壮会带来哪些影响还未见系统的研究，部分更新复壮参数大多根据经验确定，这会对平茬后植被恢复效果的评价产生影响。

本书以赤峰市敖汉旗黄花甸子小流域的柠条锦鸡儿人工林作为研究对象，探索了平茬措施对柠条锦鸡儿林更新复壮的影响。全书共 8 章：第 1 章主要介绍了平茬技术的研究现状、植物补偿生长的概况，以及植物根系的研究概况；第 2 章介绍了黄花甸子小流域概况，以及研究方法、数据处理与统计分析；第 3 章分别介绍了柠条锦鸡儿细根分布特征及其与土壤水分的关系，柠条锦鸡儿细根表面积密度与土壤含水率的关系，柠条锦鸡儿细根根长密度与土壤水肥垂直分布特征的关系，柠条锦鸡儿细根根长和游离氨基酸含量对坡位的响应；第 4 章主要介绍了平茬措施对柠条锦鸡儿生长特征的影响；第 5 章介绍了平茬措施对柠条锦鸡儿地上部分生理特征的影响；第 6 章主要介绍了平茬措施对柠条锦鸡儿根系静态生理生态特征的影响；第 7 章主要介绍了平茬措施对柠条锦鸡儿细根动态生理生态特征的影响；第 8 章介绍了平茬措施对柠条锦鸡儿根系与土壤水分特征的影响。本书在编写过程中，编者进行了大量的资料整理和数据的分析工作，这为本书的顺利完成提供了极大的帮助。各章撰写分工如下：第 1 章，郭月峰、姚云峰、祁伟；第 2 章，郭月峰、祁伟；第 3 到第 7 章，郭月峰；第 8 章，高玉寒、祁伟、王娟、尉迟文思、董晓宇、徐雅洁、王慧、王佳坤、王鑫、王卓、仲宸、刘晓宇、刘璐。本书由郭月峰完成统稿，内蒙古农业大学姚云峰教授担任主审。本书是课题组成员多年来取得的相关研究的总结，可为内蒙古中东部的生态环境建设提供科学依据，为进一步制定植被更新复壮政策、技术和措施提供科学指导。

本书由下列课题共同资助：内蒙古农业大学优秀青年科学基金培养项目（2017XYQ-3），国家自然科学基金项目（31500584），内蒙古自治区应用技术研究与开发资金计划项目（201702109），内蒙古自治区自然科学基金项目（2018MS03019），内蒙古自治区高等学校"青年科技英才支持计划"（NJYT-17-B19）。本书编写过程中参考和引用了大量国内外有关文献。在此，一并致以真挚的谢意！

平茬对柠条锦鸡儿林更新复壮影响的研究目前还有待更进一步的探索，若能够更加深入地研究，将对柠条锦鸡儿经济林的发展起到推动作用。编者殷切希望本书的出版可以引起相关人士对该领域的重视和支持，并希望对从事荒漠化防治乃至林业保护研究的学者及工作人员有所裨益。

由于编者水平有限，书中难免有不足之处，敬请读者批评指正。

编 者

2019 年 2 月

# 目　　录

# 第1章　柠条锦鸡儿林更新复壮研究概述

## 1.1　平茬技术的研究现状

### 1.1.1　平茬对植物生长的影响

平茬是依据灌木极性生长的生物学特性，除去植株地上部分。通过平茬的刺激，植株的生长优势聚集在顶部芽上，使主干形成速度加快的一种技术措施。平茬复壮能够为饲料、燃料、造纸等提供原料，更重要的是对植物起到促进生长发育的作用，这也是将平茬复壮作为更新抚育的重要手段的依据（李耀林，2011；王震，2013）。平茬后植株水分条件明显优于未平茬，这是因为平茬使萌蘖株地上生物量短时间内加速恢复（高天鹏等，2009）。Pate 等（1990）研究发现，植株在平茬后一段时间根冠比相对较高，并且根系储存了充足的淀粉，叶片光合速率明显提高，为平茬初期地上部分的生长提供营养（Bowen et al.，1993；van der Heyden et al.，1996；Canadell and López-Soria，1998；耿文诚等，2007），但是平茬后植株的新生叶片密度低且厚度大，在受到水分胁迫时，叶片会缩小，同时叶密度增高（Pena et al.，2005）。植株在除去地上部分后，生长素（IAA）水平明显降低，而细胞分裂素水平明显上升，由此能刺激植株侧芽萌发，增加枝条数（Kotov and Kotoca，2000；Lortie and Aarssen，2000）。适宜的平茬措施在刺激植物地上部分迅速恢复的同时，也可以加快根系的生长速度。相关研究表明：柠条锦鸡儿（也可简称柠条）在平茬后 4 个月内，土层深 160cm 以内径级＜10mm 的根系根量显著增加，其中细根（径级＜2mm）的增加最为显著，比未平茬柠条细根量增加了93.29%（郑士光等，2010；刘思禹等，2017）。

我国的平茬技术早已在各类植物的生产管理中普及使用。闫志坚等（2006）对岩黄茂属植物平茬的研究发现，平茬后的植株基本新生枝条是未平茬的1.91 倍，而其他性状并无明显差异，平茬技术提高了产量也增加了家畜可食用部分。赵君祥和韩树文（2010）通过研究衰老山杏林，对平茬更新改造提出了新的建议，以期发挥出山杏林更好的经济效益。李应罡等（2008）经过研究发现，乔木状沙拐枣经过平茬后生长特别旺盛，生物效益显著。王宗华（2006）在对草障植物带林木平茬复壮研究发现，对花棒和柠条实施平茬措施能增强萌发力，并能显著降低林木蒸腾量和沙层耗水。高森等（2010）对平茬对银杏叶产量、质量的影响进行试验研究，提出平茬修剪对银杏叶子的质量与产量有显著影响。丁志刚等（2005）对沙柳的生物学特性进行研究后，提出沙区平茬沙柳不能成片进行，以免造成地表风蚀，建议采取隔行或隔丛平茬。党晓宏等（2013）对沙棘林平茬复壮技术进行研究发现，平茬后沙棘的生长状况优于对照植株，并且萌蘖株与对照株相比在生长季未受到严重的干旱胁迫，植物将光能以光合作用的形式利用，使得植物生长速度明显加快。李根前等（2000）在毛乌素沙地对中国沙棘平茬后的再生能力进行试验发现，中国沙棘在除去地上部分后可以在短时间内恢复种群数量，中国沙棘在平茬 4 年和 9 年后萌蘖种群的密度和生物量是对照植株的 1 倍和 4.2 倍。关于平茬技术的管理包括平茬时间、平茬方式，以及留茬高度等多方面因素。适宜的平茬不仅对植物的分蘖与再生产生促进作用，对植株地上部分的生物量与质量也有很大的改善作用，但过度平茬会抑制植株生长（郑士光，2009）。

### 1.1.2　平茬时间

对于生长年份比较短，萌蘖能力又比较强的树种，恰当的平茬时间可以进一步提高植株的地上生物量，这也是平茬成功的关键因素。通过对沙棘的平茬技术研究表明，春季可作为沙棘最佳平茬时间。经过一个冬季的沙棘的树冠与枯落物的遮盖，不仅削减了地表的水分蒸发，而且对地表也产生了保温并保湿的效果。如果在春季进行平茬，沙棘的萌蘖株生长更加旺盛；而若是在雨季或秋季平茬，由于地表裸露，并且水分蒸发增大，会直接影响萌蘖株的生长（党晓宏等，2013）。刘立波等（2012）通过对胡枝子平茬技术 3 年的研究，得出结论：胡枝子的第 1 次平茬时间应选择在种植后的初冬或次年的早春为最佳。如果要确保植株受到最低伤害，同时又能简化平茬工作量，就应该选在休眠期进行平茬。连续每年平茬将抑制植物的生长，减少其生物量以及碳储量，同时碳汇功能也逐年减弱，建议每隔 3 年对植株平茬一次，这样植株有充分的时间恢复，并保持良好的生长状态（马天琴等，2017）。

平茬时间也会根据生产用途不同而不同。沙区沙柳的平茬时间，在落叶之后到第 2 年春季发芽之前为最佳，因为在这个时期，土壤已封冻，沙柳的根系及地表部分都已经在土壤中凝冻，枝条也变得易剪断，这个时期实施平茬不会对根系造成伤害（侯志强等，2009）。生产能用型柠条与生产饲用柠条的平茬时间则截然不同。郭玉明（2001）对柠条平茬复壮技术的研究表明，每年的 11 月末直至下一年 3 月末是柠条锦鸡儿的休眠期，在休眠期对柠条进行平茬处理生产效益最佳。在这段时间进行平茬处理的柠条单丛萌条数和生长都明显高于其他季节的平茬。但是，王峰等（2005）认为应选在 6 月、9 月或土壤封冻期，因为柠条在 6 月的粗蛋白含量是最高的，在 7~8 月的钙磷含量相对较高，在 9 月及以后柠条的风干物累计最多。由此得出，不同植株的平茬时间要综合多方面，如平茬目的、植株生育期以及综合效益等才能决定。

### 1.1.3　留茬高度

留茬高度会直接影响植株第 2 年的生长，平茬高度应依据适应植株生长而选择。张荔和姜维新（2007）对小红柳平茬技术进行研究，结果表明小红柳的留茬高度对萌生枝条影响显著，留茬高度的不同对萌条数有显著差异，其中留茬高度为 5cm 的萌条数最多，原因是留茬高度越高所消耗的养分也就越多，植株对产生萌条的养分就表现供应不足，则萌条数量明显减少。杨汝媛（1975）通过对不同平茬高度对杨树产条质量和数量的影响研究发现，留茬高度为 6cm、10cm 的产条总数分别为 46 条、51 条，均高于 0～3cm 平茬处理的北京杨，即北京杨的最适宜留茬高度为 6～10cm。王震（2013）经研究发现，不同留茬高度平茬处理的四合木（*Tetraena mongolica*）在前两个生长季，株高、冠幅和萌条生长方面明显优于未平茬处理植株。

不同留茬高度也会对植株的死亡率及根系生长产生不同影响。国外研究提出，刈割程度太大导致野牛草（*Buchloe dactyloides*）、格兰马草属（*Bouteloua*）植物的根重各减少了 50% 左右，刈割高度过高也会使匍匐剪股颖根重相对减少（Albertson et al.，1953；Matthew and Yelerton，2001）。花棒的不同留茬高度会不同程度降低死亡率，并提高枝条生长量及根系数量，平茬高度为 20cm 的死亡率最低（2.6%），与对照相比较根系数量提高了 118.67%。侯志强等（2009）研究沙枣不同留茬高度（0cm、5cm、10cm）的年生长变化及萌条的数量与质量。姚建成等（2009）对沙柳进行研究得出与侯志强相同结论，但表示 3 种处理（0cm、5cm、10cm）对生长高度的影响并无显著差异。张振立等（2004）对七里沙沙柳衰退的原因进行研究，提出采用地表平茬的方式改善衰退，因为经对比地表平茬的效果要明显优于常规平茬。马天琴（2017）指出平茬高度为 0cm 更加有利于萌发，不仅会影响植物的丛高和冠幅，还能促进根系及其他生理指标的生长，因此齐地平茬对于沙柳生长是最佳的选择。廖伟彪（2006）对无芒隐子草进行研究表明，留茬高度为 5cm 和 7cm 的在产量及牧草可溶性总糖含量上均显著高于 3cm 和 10cm 及未处理的无芒隐子草，即在留茬高度为 5～7cm 的情况下，可收获较多的牧草产量且其可溶性糖含量较高。魏怀东等（2007）对沙拐枣、沙木蓼、木条和花棒 4 种沙生灌木进行平茬研究发现，4 月 1～15 日，即植物萌动之前进行平茬效果最好，留茬高度为 30～40cm 的沙拐枣和花棒的平茬效果最佳，留茬高度为 20～30cm 对沙木蓼生长最好，而毛条的留茬高度在 40cm 及以上最佳。

### 1.1.4 平茬方式

合理的平茬方式能够促进植株次年生长并保证较高的营养成分。根据不同的地形地貌特征来选择相应的平茬方式。较大面积的平茬会增强灌丛的蒸腾作用，引起植株对水分的竞争，而分期或隔行平茬可以缓解竞争，同时会有效降低沙区风沙危害，提高植株防风固沙能力。林龄较大的植株在生长季平茬也不会对正常生长产生影响，5 年以下植株不建议生长季选择平茬。对于沙区的植被不建议齐地平茬，最好选择一定的留茬高度，因为背风坡的沙丘植被会随沙丘而移动，因风蚀裸根致死亡，也可能被沙埋压而导致死亡。姚丽杰（2016）通过研究发现，"井"字形平茬的野生平榛通风透光作用和边缘效应极其明显，而且枝条健壮、抗旱抗寒强，平均产值与全面平茬相对比将增加 3.11 万元/hm²。张欣（2012）在对砒砂岩区生物缓冲带生态效益进行研究发现，70%平茬处理的沙棘各项生长指标均高于其他处理模式。

## 1.2　植物的补偿生长概况

### 1.2.1 补偿生长的定义

植物的补偿生长，即植物的地上部分受到平茬、被动物采食或其他损坏后，通过调整自身特征的生理生态表现的一种积极的反应（Belsky et al., 1993）。植物在受到平茬处理或被采食后，植株的生长量显著高于未平茬或未被采食的植株。根据植物补偿量的变化补偿生长分为 3 种，分别是超补偿生长、等补偿生长和不足补偿（Belsky et al., 1993）。Chapin（1991）研究认为，植物在受到逆境胁迫时，会发生一系列变化来保持体内养分、水分等各类物质平衡。补偿效应属于植物受胁迫后的本能反应。开展植物补偿生长的生理生态研究，有助于理解植物补偿生长的特征规律、生理生态机制，以及为植物生长提供理论依据（张海娜，2011）。植株在受到损害后，只有出现补偿生长才能出现植株生长，其中超补偿对植被恢复是最有利的。一般来说，忍耐型植物的生物学特性与补偿机制均表现相似（张海娜，2011），忍耐型植物具有存储营养物质的营养器官，可以迅速将营养物质转移至受损组织，而且可以通过提高光合作用来满足植物生长需求。

### 1.2.2 补偿生长研究现状

在国外，早在 20 世纪 70 年代，许多生态学家在不同领域进行有关补偿生长的试验研究。补偿生长属于植物在应对地上部分受损后所作出的一种积极反应，植物通过改变自身形态及生理特征等方法来恢复再生生长（Vail，1992；Belsky et al.，1993）。Dyer 等（1982）对人工无芒雀麦草地进行研究发现，放牧或刈割后人工无芒雀麦草地出现了超补偿生长现象，同时指出放牧或刈割可以改变植物顶端生长点，即消除植物的顶端优势，进而呈现补偿生长现象。也有学者研究提出，通过放牧或平茬能够除去植物的一部分老化组织，达到有效促进植物侧生分枝生长的效果，从而使植物出现补偿生长现象（Knapp and Seastedt，1986）。植物的补偿机制被概括为以下 4 个方面：①植物失去顶端优势后，刺激休眠芽产生分枝生长（Paige and Whitham，1987）；②植物在受到平茬或被采食后，剩余叶片增强光合作用，为其他组织生长积累营养物质（Trmnble et al.，1993）；③植株通过对储存资源进行再分配，牺牲其他器官的生理需求以保证植株再生生长（Evans，1991）；④植物未受损组织的相对生长速率加快，使植株在短时间内产生超补偿的可能性增大（Hilbert et al.，1981）。

在国内，已经有不少研究者对植物补偿生长机制进行一系列研究。有学者通过对短花针茅草原进行试验发现，放牧后的短花针茅草原植物出现补偿生长现象，土壤水分和放牧强度对补偿生长都有显著影响。经过对乌桕树平茬处理后研究发现，中度修剪增产超过 200%，而强度修剪增产达到 112.02%，而弱度修剪增产结果却不如未修剪植株（黄惠坤，1988）。杜占池和杨宗贵（1989）在对羊草光合特性的研究中发现，羊草在齐地刈割后，新生叶片光合速率高于对照。综合以上得出，被动物采食或平茬处理后，能有效促进植物叶片的净光合速率。李跃强和盛承发（1996）在研究后也提出，植物是通过提高光合作用来实现补偿反应的，进而在情况允许时能够对体内同化物质进行最优分配。有关内蒙古大针茅的研究提出，当大针茅被动物采食 35%～65%时，大针茅出现超补偿生长现象；超过 65%则为欠补偿生长（安渊等，2001）。何文彬（2012）与王平平（2014）在对驼绒藜（*Krascheninnikovia ceratoides*）刈割后的补偿生长进行研究后发现，刈割后驼绒藜表现为超补偿生长，各组分的干重热值与对照无显著差异。上述研究都表明，在进行合理的放牧或者刈割后，再生性强的牧草会产生不同程度的补偿生长，并改善了牧草质量。植物在被动物采食、践踏或刈割等损伤后，植物自身冠层净光合速率受自身叶面积指数的影响较大，而根冠比相对增大，则根部向上输送养分随之增多（施积炎等，2000；王静等，2003），因此通常会进行补偿生长。有研究指出，植物的补偿生长会随环境状态而改变，极具可塑性，植物的补偿生长机制通常表现在形态、生理生化等方面（Jaremo et al.，1999）。

### 1.2.3　补偿生长的意义

补偿生长的意义就在于植物与采食者之间的相互促进生长优化的关系上。

Belsky 等（1993）曾指出，对植物受损后能迅速生长反应，最有效解释是植物没有增加适应环境的时间，而是自身降低了受损程度。而 Jaremo 等（1999）在对 3 种植物-动物之间的适合度进行多种比较之后提出，超补偿生长并不代表植物与采食者之间存在互惠关系，许多研究者对超补偿生长现象提出不同解释，就是因为对植物适合度的理解各不相同。植物经过平茬后，在水分与光照充裕的环境条件下，容易产生超补偿生长。因此，超补偿生长被普遍定义为在适宜的环境条件下植物与环境产生的一种互惠作用，这种关系在自然界中普遍存在（Bronstein，1994）。

## 1.2.4 植物的补偿生长机制

### 1.2.4.1 生长特性对补偿生长的影响

植物在受到采食或平茬后消除了植物的顶端优势，由此可以促进植物休眠芽生长，分枝生长速度加快，从而达到补偿生长（Ridge，1987）。Farnsworth（2004）在利用数学方法对植被地上部分的相对生长速率和补偿生长的关系进行研究发现，植物平茬能提高残余部分的相对生长速率，可以促进补偿生长的发生。廖伟彪（2006）在研究刈割高度对无芒隐子草（*Cleistogenes songorica*）生长的影响发现，留茬高度在 3cm 以上能提高牧草产量，并产生超补偿生长现象。有研究表明，植物在平茬后地上生物量分配比增加，地下生物量分配比随之下降（Guo et al.，2003）。曹致中和曹亦芬（1992）在研究 16 个品种苜蓿进行 1 年 5 次与 1 年 3 次刈割后提出，累计生长高度超过一般刈割时的 15%以上时，国外引进品种表现较好，刈割频率的加大不仅没有促进植株的生长高度，反而产生降低情况。吴进东（2001）在对红三叶（*Trifolium pratense*）和黑麦草混播草地进行研究发现，1 年刈割 4 次的总产量与 1 年刈割 2 次的总产量差异显著。

木质部作为植物水分运输最主要的途径，在环境胁迫时，植物水势降低会造成木质部水分处于负压，从而产生水蒸气，并进入木质部管状分子中膨胀，木质部会产生空穴或栓塞，阻断了植物的水分运输（Tyree and Sperry，1989）。如果想继续水分运输，必须对木质部内的负压进行提高，让茎中木质部导管产生腔隙，降低栓塞的发生（张硕新等，2000）。有研究发现，随木质部水势的降低，产生栓塞的概率也加大，而栓塞度的不同对植物吸水产生不同的影响（Jordi et al.，2002）。

### 1.2.4.2 光合作用与水分生理对补偿生长的影响

光合作用作为植物最重要的生理过程，能及时反应植物当时的新陈代谢与生长状况。植物地上部分在受到不同程度的损害后，根冠比会不同程度地增加，而叶面积相对减少，植物叶片的光合能力也随之发生改变。也有学者提出，尽管植物冠层结构在平茬后发生改变，植物的光合能力变化幅度与除去叶面积没有固定的比例关系（侯扶江，2001；汪诗平和王艳芬，2001）。平茬后植物光合速率提高的主要原因：①植物在平茬后，枝条竞争降低且太阳光照增加 50%以上，且光合作用与光照为显著正相关。②平茬后植株叶片光合能力增强，目的是维持源-库之间的平衡。③除去地上部分后，叶面积的减小降低了光破坏，达到了保护光和系统的目的。残存叶片的光合能力增大，帮助植物在干旱条件下补偿生长。

蒸腾作用是植物通过对气孔的调整，保证植物在受到干旱胁迫时维系生存的生理作用。王福林和潘铭（1998）在对沙棘的造林抗旱指标进行研究指出，抗寒能力强的植物在水分变化时的蒸腾速率比水分充足时下降幅度明显，而抗寒能力差的植物蒸腾失水量变化不显著，影响植物蒸腾作用的主要包含光照强度、空气相对湿度和温度等环境因子。植物在受到采食或火灾等破坏后，与未被破坏的植株对比，根系相对会向地上剩余组织供应更多的水分，而萌蘖株一般都具有较高的气孔导度，气孔是水气和 $CO_2$ 进出植株的关键通道，光合作用所需的 $CO_2$ 及蒸腾作用释放的 $H_2O$ 的交换都会受气孔导度的影响。王兴鹏等（2005）在对柠条的蒸腾速率与叶水势关系分析得出，柠条的蒸腾速率日变化分两种，分别为单峰和双峰。而王孟本等（1996）对柠条研究后指出，柠条的蒸腾速率日变化主要表现为单峰曲线，日出后逐渐升高，在午后光照最强时呈现峰值，傍晚降至最低值。水分利用效率是由光合速率与蒸腾速率的比值来表示，目的是对植物的水分利用效率进行评定。张志山等（2005）对沙漠人工植被区的蒸发蒸腾进行研究发现，用蒸渗池和气孔计测定出的结果均显示油蒿的蒸腾高于柠条。杨劼等（2002）对皇甫川流域主要人工灌木水分生态进行研究，结果显示，沙棘、沙柳与柠条三种灌木地上生物量的增长与蒸腾耗水量变化趋势现相同，皇甫川流域的三种灌木在生长季的蒸腾系数均偏高，其中柠条蒸腾系数最小，表示柠条适合在皇甫川流域生长，柠条在有效利用水分的同时大量积累干物质。

水分作为植物体内物质的溶剂，同时也为主要生理生化反应提供能量，是植物不可或缺的部分（Kramer，1982）。水分胁迫作为在干旱、半干旱区最为常见的环境胁迫，严重限制了植物的产量与质量（Jordi et al.，2002）。根据 Zimmermann（1983）的水力结构理论，植株为顺应不同环境条件下存在的生存竞争，产生相应的水分运输系统及形态结构。国内在研究内蒙古沙地植物中发现，湿地植物水势显著高于沙区植物，最低的植物叶渗透值可达 6.54MPa（Liu et al.，2003）。水力结构特征通常用导水率、比导率、叶比导率等指数表示。导水率作为可直接反应植物茎段导水能力的参数，用离体茎段的流水量与该茎段引起水流的压力梯度比值（$dp/dx$）来表示。同一梯度中，随离体茎段的加粗及输水导管增多，水流速随之加大，导水率也显著增高（Tyree and Ewers，1991）。比导率是导水率与茎段边材横截面积的比值，表示的是单位茎段边材横截面积的导水率（Tyree and Ewers，

1991），比导率越大，表示该茎段孔隙值增大，输水效率也就越高。叶比导率是由导水率与该枝条叶干重的比值来表示，通过叶比导率可判断该茎段叶片能否及时供应水分。

### 1.2.4.3　植物激素、根系淀粉酶与脯氨酸对补偿生长的影响

平茬后植物暴露于阳光下，叶片温度的升高影响了细胞代谢过程及光合酶活性，最终对植物的气体交换及光合作用产生影响（刘东焕等，2002）。植物激素作为承担各细胞、组织与器官之间的信息传递的重要信号，对调节植物生长发育、新陈代谢，以及蛋白质等营养物质的合成起主导作用（Borzenkova and Borovkova，2003）。生长素能促进植物顶端优势，主要在植物新生叶片中合成，并运输到叶柄、茎和根（Muday and Delong，2001）。赤霉素的重要生理作用是对植物茎的生长发育产生促进作用（Ridge，1987）。细胞分裂素主要存在于分生组织中，能及时调节木质部组织分化，帮助植株克服顶端优势、对侧芽生长和叶片光合作用起促进作用（Groat and Vance，1981）。经多次试验证明，植物在地上部分被除去后，生长素相对降低，而细胞分裂素呈上升趋势，植株枝条数明显增加（Kotov and Kotoca，2000；Lortie and Aarssen，2000）。国外研究指出，放牧可以显著增加苜蓿保护酶活性，其中酶活性最大值出现在被采食后 7d（Groat and Vance，1981），大多数植物中存在淀粉酶，植物在被采食或平茬后，根系储蓄的淀粉会水解提供给地上部分以满足生长需求，其中 α-淀粉酶是三种淀粉酶中唯一能作用于完整淀粉粒的淀粉酶。

受到干旱胁迫时，植物通过积累渗透调节物质，不受缺水的影响，维持正常的生长发育（Turner et al.，1987）。朱维琴和吴良欢（2003）在研究不同品种水稻在干旱环境下有机渗透调节物质中发现，游离氨基酸中的脯氨酸增长速率最快，说明脯氨酸属于植物主要的渗透调节物质。在对 5 种锦鸡儿属植物的渗透调节物质研究发现，树锦鸡儿、甘蒙锦鸡儿、中间锦鸡儿、柠条锦鸡儿和荒漠锦鸡儿 5 种锦鸡儿叶片含水量在 5 月最高，随后降低（杨九艳等，2005）。柠条锦鸡儿的游离脯氨酸含量在 5 月含量较低，在每个月份并没有显著差异，表明柠条锦鸡儿的耐旱性强。植物在干旱逆境下，通过脯氨酸渗透调节植物组织内的渗透势，渗透势的下降可以抑制叶片的蒸腾需求（Ye，2002；蔡昆争和吴学祝，2008）。

## 1.3　植物根系研究概况

### 1.3.1　植物根系的研究方法

由于植物根系通常生长在地表之下，在对其进行研究时由于大量土壤的覆盖

很难直接对其进行观察和测量（朱衍杰等，2012）。为了更加直观地了解植物根系的生长和分布状况，人们研究出了多种研究根系的方法（孙曰波和赵从凯，2009）。国外出版的关于根系研究方法的专著 *Root Methods: A Handbook*（Smit et al.，2000a），系统描述了不同根系研究方法。目前，对植物根系的研究方法主要包括以下 9 种。

**1. 挖掘法**

挖掘法是指直接将植物根系从土壤中挖出并洗净，然后进行测量。挖掘法最早出现于 1727 年，Hales 首次采用该方法来研究植物根系的分布状况（马元喜，1999）。挖掘法的优点是简单易行，但是其缺点是损害植物根系，由于在测量时需将植物根系从土壤中挖出，对植被根系造成了一定的损伤，因此采用挖掘法时无法对同一株植物进行动态测量。Cheng 等（2009）采用挖掘法研究苜蓿根系的分布状况，发现以挖掘法进行深层挖掘时工作量大、费时费力，尤其对 3m 以下根系采用挖掘法进行取样难度十分大。

**2. 土芯法**

土芯法是指利用土钻，采用人力或机械的方法采集土样，从而对植物根系进行测定（Gill and Jackson，2000；苗玉新，2005）。土芯法是测量一定容积土壤中根系特征的最适宜方法。土芯法最初产生于 20 世纪 60 年代，目前人们通常采用的土钻有两种：一种为荷兰型根系手钻，这种土钻是在 19 世纪 70 年代由 Schuurman 等发明，其取土的最大深度可达 100cm；第二种为 Albereht 手钻，这种土钻多用于研究草地的地下生物量，其取样深度较浅，一般只能取 50cm 以内的深度。土钻的直径由 2.7cm 至 10cm 大小不一，重复的次数由 3 次到 25 次不等，土钻的选择及重复次数的确定取决于根系的分布特点及土壤等因素。土钻法取样的优点是省时省力，覆盖面积大，测定结果也较为精确且对植被破坏性较小，因此得到广泛应用。Oliveira 等（2005）在巴西中部的热带草原进行取样时，采用 10cm 直径的钻头，其取样深度达 3.1m。但是，研究发现随着取样深度增加，取样时的旋转力和下压力随钻头直径的增加而成倍增加。王志强等（2009）采用一套钻头直径 8cm 的电动冲击钻来取样，通过其延长杆采集深度可达到 30m。可见，土芯法（根钻法）在采集深层土壤时有一定的优势。

**3. 剖面法**

剖面法研究根系最好的方法之一，对说明根系在土壤剖面上的真实位置比较适用，尤其是在比较不同地点的根系分布情况时更有优势。采用剖面法研究根系分布状况时，根据研究需求可分为壕沟剖面法、薄膜法（Böhm and Köpke，1997）

和水平面法（Kulenkamp and Durmanov，1974）。壕沟剖面法即通过挖掘壕沟并修整剖面，然后对坡面根系进行测定；薄膜法是在土壤剖面钉一块透明网格然后进行点绘根系，属于壕沟剖面法的改良方法；水平面法是指在水平剖面上测量根系特征，水平面法主要用来测定不同深度水平土层的根系特征。

**4. 网袋法**

网袋法所用工具包括外筒、内筒和网袋三部分，操作时先将外筒插在样地上并去除筒内的土壤，再将套有尼龙网袋的内筒插入外筒中并将内筒填满土，然后依次抽出内筒和外筒，将根系上附着的泥土用清水洗净，最后迅速对根系进行测定。网袋法的优点是它可以直接在大田里进行取样，且所获取的根系样本具有较好的代表性。但是受网袋大小的限制，取样深度一般不超过 1m。

**5. 分根移位法**

分根移位法是指在装有不同营养物质的容器中分别培养植物，研究植物根系在不同营养物质中的生长状况，但是容器大小的限制会影响根系的分布状况，且该方法比较费时费力。

**6. 同位素 $^{14}$C 法**

同位素 $^{14}$C 法是指为植物叶片提供 $^{14}CO_2$，由于植物的光合作用及地上部分和地下部分之间的物质交换会将同位素 $^{14}$C 输送到植物根系中，因此对根系样品进行 X 射线放射性显影可以了解根系的状况（Milchunas and Lauenroth，1992）。但是，由于该方法要求相应的仪器设备，不容易推广。

**7. 微根管法**

微根管法最早在 1937 年应用于根系研究，通过在植物根系附近插入透明的观察管，定期拍摄观察管周围根系的生长状况，该方法适用于长期、动态监测根系变化（Smit et al.，2000b；史建伟等，2006；张志山等，2006）。但是由于受观察管长度限制，目前的研究深度一般不超过 2m。此外，在安装观察管时必然会对根系及根系周围的土壤产生扰动，因此，微根管法的发展过程中这些问题都亟待解决（史建伟等，2006）。

**8. 探地雷达法**

探地雷达法是利用电磁波在探测地下物质时产生的反射和散射的差异，实现浅层成像定位，完成植物根系的探测。国内外诸多学者通过雷达探测调查了植被根系并作了相关报告（Butnor et al.，2003；Barton and Montagu，2004；舒洪岚，2007）。

**9. 核磁共振成像法**

核磁共振成像法是利用核磁共振成像技术对植物根系进行观测的一种方法。Osama 等（1985）首次将其应用于植物根系研究中。

此外，研究植物根系的方法还有氮预算法（Aber et al., 1985）和碳平衡法（Raich and Nadelhoffer, 1989）等。以上这些方法为植被根系的研究提供了基础，通过以上方法及工具可以让人们更好地了解植物根系的生长状况。但是由于植物根系埋藏于地表，在对其进行研究时很难得到全面客观的认识和了解，因此在进行植物根系调查时，应根据实际的调查目的及试验地情况选择合适的方法。

## 1.3.2　植物根系的分布特征

国外对于植物根系的研究可追溯到 18 世纪英国对栽培植物根系利用土壤空间范围进行的研究，已有近 300 年的历史（马元喜，1999）。19 世纪后半叶，国外一些国家开始对果树等植物开始进行研究。20 世纪 30 年代以后，人们开始研究根系生态学，逐渐重视土壤、水分等生态环境因子与植物根系之间的关系（刘晓冰和王光华，2001）。我国是世界上对根系有文字记载最早的国家（张俊娥，2001）。我国对植物根系的系统研究历史仅有 60 年，但是在过去的研究中取得了大量的成果，在果树根系，尤其是细根的分布特征方面也取得一定的成就（刘俊和刘崇怀，2006；秦玲等，2006；朱小虎等，2009；李楠等，2012）。自 20 世纪 80 年代末至今，对植物根系分布状况的研究，国内外学者已取得很多研究成果。

Jackson 等（1997）通过对全球植物细根的分布特征进行分析，发现植物细根主要集中于上层土层中（<1m），深层土壤中仅有少量细根。程瑞梅等（2012）通过调查了三峡库区马尾松人工林根系生物量的空间分布格局，发现细根生物量随土层深度增加呈减少的趋势，且主要分布在 0～0.2m 土层内。丁军等（2002）通过研究红壤丘陵区的毛竹林、杉木林及柑橘林不同林地根系的分布特征发现，毛竹林 63% 的根系集中分布在 0～30cm 土层，杉木林 42% 根系分布在 0～20cm 土层，柑橘林 41% 的根系分布在 0～10cm 土层，表明不同植物根系分布情况存在差异，但是所有林木根系随土层深度的增加而迅速减少。雍文等（2006）在宁夏引黄灌区采用壕沟法对密植枣树进行根系调查，研究发现 0～0.2m 土层内基本没有根系分布，其中 1 年生、2 年生、3 年生枣树的根系分别分布在 0.2～0.3m、0.2～0.4m、0.2～0.8m 土层，说明林龄对根系分布有一定影响。Ma 等（2012）的研究发现，水分情况会影响根系生长，试验发现对密植枣林实施滴灌后在 0～1m 土层出现了更多的细根。魏天军和李百云（2009）采用剖面法对宁夏灌区种植的灵武长枣嫁接树、自根树和旱砂地中卫大枣、同心圆枣树根系的生长发育情况进行调

查，发现砧木及林龄对枣树根系有较大的影响。马理辉等（2012）的研究发现，植物根量随林龄的增长而增加，其中直径<1mm 的根系的增长速度最快。此外，研究还发现随着土层深度的增加根量递减（李唯等，2003）。李鹏等（2004）调查了黄土高原刺槐根系在不同立地上的分布特征，发现在所有立地上细根的分布深度大于粗根，且根系生物量随土层深度的增加而降低。司建华等（2007）研究了极端干旱地区胡杨林吸水根的空间分布特征，结果表明胡杨吸水根分布土层一般介于 0～80cm，且胡杨根长密度呈典型的负指数型。张劲松和孟平（2004）在太行山低山丘陵区采用壕沟剖面法对石榴树小于 1mm 的吸水根根系空间分布特征做了调查，发现石榴吸水根系主要集中于 0～80cm 土层，根长密度随土层深度增加符合负指数函数的分布规律。王进鑫等（2004）采用挖掘法研究了刺槐和侧柏人工林有效根系的分布特征，结果表明刺槐和侧柏人工林有效根系密度随土层深度变化率均服从指数特征，且根系主要分布在 0～60cm 土层。张良德等（2011）研究人工刺槐林的细根分布特征，发现由于土壤浅层水分、养分及热量条件较好，根系分布存在明显的表聚现象，根系各项参数随土层深度增加逐渐衰减。魏国良等（2010）采用挖掘法对黄土丘陵区 8 年生梨枣人工林根的根长密度和根质量密度进行调查，发现根长密度和根质量密度均服从幂函数分布，此外，调查发现吸水根系根长和根质量密度分布土层主要集中在 0～40cm。张喜英等（1994）研究冬小麦根长与土层深度的关系时发现建立指数模型可以很好地说明两者之间的关系。张劲松等（2002）及张劲松和孟平（2004）在研究苹果树吸水根根长密度和石榴吸水根的根长密度随水平距离和垂直距离的变化规律时发现，通过建立数学模型可以很好地描述它们的变化规律，此外，胡小宁等（2010）也通过建立刺槐细根表面积密度和土壤水含率之间的数学模型,得到两者随土层深度和时间(月份)变化的耦合模型。杨磊等（2012）在研究黄土丘陵半干旱区人工植被深层土壤水分时发现，深层土壤水分与土层深度的变化规律服从一元线性规律，植被深层土壤水分均随土层深度的增加而增加。

以上调查说明根系的空间分布与水平距离、垂直距离或土壤含水率有极大相关性，同时也说明在研究根系和土壤水分分布特征时采用数学模型可以有效描述它们之间的关系。但是，这些模型大部分都是简单函数或者是与单种指标之间的模型，而实际中根系分布一般都由多个指标影响形成，因此很难准确反映根系实际在空间的变化规律及其与土壤水分的关系。

### 1.3.3 植物根系与土壤水分分布关系

根系是植物吸收水分和养分的主要通道，因此植物根系的分布特征直接影响到地下营养和土壤水分对植物的供给，尤其细根在此功能中贡献最大，与此同时，植物根系分布与土壤干层的形成有着直接的关系（Dickmann et al.，1996；张宇清等，2005；朱元龙等，2011）。植物根系与土壤水分的空间分布关系受到诸多因素控制，如植被自身性质，由于植被类型不同根系活动深度范围、对土壤水分和养分的吸收强度和深度也不同，此外，植被栽植密度、栽植年限、立地条件、降水量、土壤性质等也对根系与土壤水分的分布有一定的影响（Stone and Buttery，1989；肖春旺，2001；曹成有等，2007；魏孝荣和邵明安，2007）。研究发现，根系的分布特征不仅与植物本身的特性有关，在很大程度上受土壤环境的影响（韦兰英，2007），相关研究表明含水量较高的区域根系繁殖量较大，根系分布密集的区域往往也是对水分利用最活跃的区域，与此同时，根系吸水及蒸腾使土壤含水量减少，从而导致植物根系含量减少，说明根系生长和分布与土壤水分紧密相关（单长卷等，2003；张志山等，2006），不同立地条件下土壤水分条件存在差异，因此植物根系分布范围也会受到影响，同时植物根系的分布状况也会影响到土壤水分的季节变化（单长卷，2004），此外，还有相关研究表明，细根在垂直方向的分布特征与土壤水分存在显著相关性（成向荣等，2007）。目前，在生态需水研究中，根系利用层土壤水分与植物生长的动态关系成为一个核心问题（严登华等，2007）。由于根系的生长活动都在地表以下，对其生长及分布特性很难有直观的了解，因此采用数学模型描述其特征是目前研究根系在土壤中的分布状态的最有效的方法之一（胡小宁等，2010）。结合本书的研究目的和内容，对影响植物根系与土壤水分分布特征的研究做了以下综述。

### 1. 地形因子对植物根系与土壤水分分布的影响

中外学者对地形与植被之间的相关性做了大量的研究。通过研究认为影响植被的基本单元是坡面，土壤理化性质在不同坡面位置有显著差异，有学者专门对丘陵地区微地形进行了识别和分类，并对植被空间分布格局与微地形之间关系进行了细致的研究，通过对微地形与土壤水分、质地及植被生物量的相关性研究，验证了"坡位"是主要的影响土壤水分、质地及植被生物量的因素（沈泽昊等，2000），坡位对干扰扩散、水土流失和养分流失等均有影响（Ovalles and Collins，1986）。研究发现，由于坡位上方和坡位下方养分条件与水热条件存在差异，小尺度微地形上优势植物类型、植物个体大小及植物群落组成均有显著差异（中国科学院南京土壤研究所，1978；Dai et al.，2003）。

土壤含水量是土壤重要的物理性质，土壤含水量的空间变化在不同尺度上其影响因素不同，在大尺度上土壤含水量的空间分布差异主要是由地带性引起的；在中小尺度上，尤其是在流域和坡面等尺度上土壤含水量的空间差异则是由地貌和地形的差异导致的（赵荟等，2010）。微地形影响植被生物量主要是由于土壤含水量的差异，土壤水分供应充足的地方植被得到大量繁殖，与此同时植被覆盖度大大提高可以降低土壤水分的蒸散量，使土壤可以较长时间保持水分；而土壤含水量低的地方植被生长情况较差，植被覆盖度低，导致土壤水分大量蒸散，土壤含水量大幅度降低，如此反复使含水量低的地方植被生长状况逐渐变差，生物量变差（田迅等，2015）。Gregorich 和 Anderson（1985）调查发现，不同坡位土壤养分的含量有显著差异，由坡顶到坡底土壤有机质含量逐渐增加，土层也逐渐增厚，这主要是由于降雨侵蚀过程中坡面养分再分配形成的。研究发现，随坡位降低土壤养分含量逐渐增加，这是由于长期的雨水冲刷作用再加上重力作用，使上坡位的有机质、养分等在随着地表和地下径流水不断向下坡位汇集，经过长期的积累使下坡位的养分含量显著高于上坡位（Gregorich and Anderson，1985；Harris et al.，1996；高雪松等，2005）。

植物在生长过程中，不同深度土层中的根系生物量，反映了该植物在这一土层深度的生长及适应情况，植物在某一土层中利用水分和养分及微量元素的能力越强，在该土层中积累的生物量就越多（毕建琦等，2006）。根系在生长过程中要受到各种环境因子的影响，而根系生物量则是这些因子综合作用的最终表现。植被生物量和土壤含水量之间的相关性在很大程度上取决于生境条件，尤其在较小尺度或非地带性环境因子起主导作用时，植被生物量和土壤含水量之间的相关性关系的变化受局部环境条件的变化的影响（潘成忠和上官周平，2003）。光、热、土壤水分及各类营养物质随微地形地表起伏等形态的变化而在空间得到重新分配，从而引起植物生物量和土壤基本理化性质发生相应的变化（宋述军等，2003；张宏芝等，2011）。单长卷和梁宗锁（2006）研究了黄土丘陵区 4 种典型立地条件下刺槐人工林根系分布与土壤水分的关系，发现细根在不同立地条件下分布特征存在显著差异，表现为阴坡、半阴坡直径≤1mm 的细根均匀分布在 0～4m 土层中，而半阳坡和阳坡的细根集中分布在 0～1m 土层中，研究还发现，细根的分布范围对土壤水分变化有较大影响，甚至会影响到土壤水分的季节变化。

目前，坡位已经被作为影响植被生长的主要因素，在以往的国内外研究中，主要注重坡位对单独的某种因素的影响，如坡位对植株地上生物量或土壤养分、微生物及水分变化的研究，对不同坡位与植被根系生长特征方面的研究较少，也未将坡位对植株根系与土壤水分的变化和耦合相结合。

**2. 干旱条件对植物根系与土壤水分分布的影响**

水分对细根的分布有极大的影响力（Zhou and Shangguan，2007），可以明显改变细根的动态。Sanantonio 和 Hermann（1985）发现山毛榉树细根的周转率在频繁干旱条件下相对较高。在干旱环境下植被根系对水分和养分的吸收受到阻碍，小直径的根出现栓塞的可能性较大，较难形成新根，因此许多树种在适应干旱环境时都会采取提高细根周转率的策略（Smucker et al.，1992；Sperry et al.，2002）。

干旱频率的增加，导致森林内林木存活率呈减少趋势（Rebetez and Dobbertin，2004）。Leuschner 等（2001）通过比较山毛榉成熟林器官的生理和生长参数发现，在所有植物器官中细根对干旱的反应是最敏感的。

　　土壤含水量是降水量、林木蒸发蒸腾量和林木根系吸收量等相互作用的结果。对林地土壤水分进行研究时，主要从时间序列和空间分布两个方面进行。对林地土壤水分从时间序列上进行研究主要是指研究林木随生长季节的变化。土壤水分随季节变化呈明显的干湿交替变化，降水量和蒸发量的年际、年内的动态变化直接决定土壤含水量的变化，与降水量正相关，与蒸发量负相关。林地土壤水分在空间上的研究主要指土壤水分随水平和垂直距离增加各土层土壤水分的差异，由此来认识土壤的保水能力和林木的吸水特性。植被细根的动态响应很大程度上受水分供应变化的影响。Singh 和 Srivastava（1985）、Kätterer 等（1995）通过研究巴拿马柚木和蓝桉林木发现，在干旱停止后林木根量迅速增加，说明土壤水分的增加有利于细根的生长。Torreano 和 Morris（1998）通过对松树幼苗期补充水分，发现土壤水分的增加可促进根系大量增加。Pregitzer 等（1993）的灌溉试验表明，局部额外增加水分可以延长细根寿命。在温带干旱环境下，虽然细根本身寿命已经很长，但是由于土壤经常会再次湿润，土壤含水量不定期增加，维持并延长细根寿命对森林生态系统更有利（Kosola and Eissenstat，1994；Marshall et al.，1996）。

　　干旱与细根减少之间的因果关系还有待阐释，干旱和细根减少之间的联系是复杂的。Mainiero 和 Kazda（2006）的研究表明，山毛榉树细根在长期严重且持续的干旱条件下会大量减少，而短期的水分亏缺并没有影响细根的形成或周转。根系一般分布于土壤上层，在湿润气候条件下适当的降水量对整个林木生态系统是有利的，但在严重干旱期构建地下生态系统需要较高的成本，对整个林木生态系统无益。杨峰等（2011）通过研究沙柳根系与土壤水分的关系，发现植物根系和土壤水分互相制约、互相影响，且根系生物量随土层垂直深度的增加与土壤水分呈负相关关系。张学权（2003）的研究表明，林地土壤含水量随垂直深度增加有显著变化，这主要是因为土壤水分受降水作用和蒸散作用的影响较大。研究发现，土壤质地影响根系生长方向，土壤质地疏松时，植物根系主要向垂直方向延伸；土壤质地较硬或较干时，植物根系主要向水平方向延伸。牛海等（2008）在研究毛乌素沙地植被根系垂直分布与土壤水分的关系时发现，不同水分梯度对植被根系的空间分布有显著影响，水分梯度不同的地区土壤含水率的变化程度也不同，随着土层垂直深度增加变异系数逐渐减小，其中 0～10cm 土层土壤含水率变异系数最大，根系生物量的变化趋势与土壤含水率的变化趋势相反。出现这种现象主要是由于植物根系对土壤水分的吸收造成的，是对干旱环境作出的响应。根系在土壤中的分布状况反映了植被对土壤水分的依赖情况，土壤含水率是研究土壤水分变化的基本指标。因此，通过研究植被根系与土壤水分的分布规律及关系，有助于人们更好地了解植被对土壤水分的利用状况。

### 3. 栽植密度对植物根系与土壤水分分布的影响

土壤水分与植被之间关系是相互的，土壤水分状况既是森林形成的动力又是限制因子，同时土壤水分状况也受到植被的影响。研究发现，不同密度的人工林土壤含水量存在显著差异，其中人工林根系大量分布的土层对土壤含水量影响最大。

由于栽植密度不同的人工林对土壤水分的供应、消耗量不同，因此栽植密度不同的人工林土壤含水量存在差异。"高密度林分导致林地土壤储水量减少"的结论已被众多研究所证实。王克勤和王斌瑞（2002）对山西方山径流林业进行研究发现，5 年生刺槐林密度为 1000 株/hm² 的植树带土壤含水量比密度为 1667 株/hm² 的植树带高出 15%；10 年生刺槐林不同密度的植树带也表现为低密度的植树带土壤水分高于高密度的植树带。刘晨峰等（2004）对该地区不同密度刺槐林土壤含水量进行研究也发现，14 年生刺槐林造林规格为 1.5m×7m 的植树带土壤含水量比造林规格为 1.5m×2m 和 1.5m×3m 的植树带的土壤含水量分别高出约 20%和 11%。莎仁图雅（2009）对内蒙古大青山 30 年生油松林的研究发现，在生长季节栽植密度不同的林分土壤含水量呈现出两种规律，在雨季时随栽植密度的增加土壤含水量先降低后升高，而在其他月份则是随密度的增加呈降低的趋势，这个结果与之前的研究略有不同。

林地内的土壤含水量通常用林地各土层含水量的平均值来表示，但是在栽植密度不同的人工林中，各土层土壤含水量随垂直深度的变化可以更直观地体现林地的水分条件。通过对比不同密度林分垂直方向各土层的土壤含水量，可以详细了解不同深度土层土壤水分的供给和消耗水平，包括降水对不同栽植密度的林分的供给深度及植被对土壤水分的利用深度及利用率。彭文栋等（2009）通过比较宁夏盐池 6 年生不同造林密度的柠条林地土壤水分状况发现，带距为 11.5m 或小于 11.5m 的林分，垂直深度为 0.3～0.6m 土层存在土壤水分亏缺区，带距为 6.8m 时，土壤水分亏缺程度加重，且向更宽范围发展，这与徐荣（2004）的研究结论一致，说明柠条带距降低土壤含水量也呈降低的趋势。此外，许德生等（2008）对阴山北麓的研究也得出了相似的结论，研究发现柠条林地带间距为 5m 时年均土壤含水量逐渐降低，间距为 10m 时则逐渐增加，而带间距为 16m 的柠条林地土壤含水量则先增加后减少。

林地土壤水分供给与消耗之间的矛盾在降水充沛、水资源相对富足的地区并不突出，栽植密度对林地土壤含水量的影响也很少被提及。但是，由于干旱、半干旱地区水资源紧缺，林分密度对土壤水分影响较大，因此在该地区开展相关研究对于充分利用降水资源，以及可持续利用土壤水分具有重大意义。由于土壤水分的检测和获取手段有限，再加上土壤水分受诸多环境因子影响，现阶段对于准确把握水分补给和消耗量还有一定困难。如何降低研究中的误差，准确评价栽植密度对林地土壤水分状况的影响，还有待于进一步探索。

#### 4. 林龄对植物根系与土壤水分分布的影响

有研究认为，植被因子随着土层深度增加对土壤水分的影响作用逐渐增加，而地形因子对土壤水分的作用则减小（莫保儒等，2014）。程立平和刘文兆（2001）对陕西长武塬区 0～20m 土壤剖面水分分布特征的调查表明，人工林地由于长期持续的水分亏缺导致土壤干燥化，人工林随着栽植年限的增加干燥化土层逐渐向深层发展。顾静等（2009）研究了咸阳地区 4 种林龄苹果林地 0～6m 深度土壤含水率随时间变化规律，结果表明 4 种林龄苹果林地 2.1～4m 土层没有出现土壤干层，而 4.1～6m 土层出现了轻度土壤干层，且苹果林地土壤干层情况随着降水量的变化而变化。王琳琳等（2010）采用土钻法调查了黄土丘陵半干旱区人工林细根分布特征，表明随着林龄的增加，土壤干燥化程度增加。刘沛松等（2011）对宁南旱区不同年限苜蓿草地根系和土壤水分动态分布规律的研究表明，不同生长年限苜蓿土壤含水量随土壤深度增加呈二次曲线函数关系，且随林龄增长根系深度呈先增加后减少的规律。

#### 5. 植被类型对植物根系与土壤水分分布的影响

有研究表明，植被类型是影响土壤含水量的空间差异的主要因素，而不是坡位，且在＞40cm 的土层土壤水分的空间异质性较大（姚雪玲等，2012）。余新晓等（1996）研究刺槐与油松可利用水分深度发现，刺槐能利用较深土层的水分，此外还发现不同树种对土壤水分的利用能力不同。赵忠等（2000）采用直径为 6.8cm 的土钻采集了油松、刺槐、樟子松、华山松、侧柏和山杏 6 个树种的根系并分别对它们的分布特征进行了研究，结果表明不同树种根系在垂直方向的分布特征有明显差异，其中刺槐根系分布最深达 1.2m，说明植被类型不同根系分布特征存在差异。

#### 6. 土壤干层研究

1960 年，李玉山（2001）首次报道了我国半干旱地区深层土壤水分被过度消耗（即土壤干层）的情况，1980 年后土壤干层的概念逐渐引起了更多人的关注。在全球其他干旱半干旱区的人工林地和草地中也出现深层土壤水分被过度消耗的现象（杨文治和韩仕峰，1985；Jipp et al.，1998；Robinson et al.，2006）。许多学者已认识到人工林中出现土壤干层的不利影响（侯庆春和贺康宁，2000；杨文治，2001；侯振宏等，2003；许喜明等，2006）。总之，深入分析林地深层土壤水分状况，可为开发利用土壤水资源，合理进行植被建设提供基础（赵忠等，2009）。

胡小宁等（2010）对黄土高原半干旱区刺槐人工林地细根及土壤水分耦合关系的研究发现，刺槐根系的生长只利用了部分土壤水分，说明刺槐根系的生长对土壤水分的利用是有限的，不会造成研究区域刺槐林地土壤的干化。还有研究发现在时间尺度上，连续干旱不会使柠条地土壤储水量和变化量出现大幅度连续的降低和亏缺的现象（莫保儒等，2013）。土壤干层的形成受到许多因素的影响，除了植被之外还包括降水等气象条件，土壤自身结构因素如持水性能、水稳性团聚体含量和分布等都是影响土壤干层化的因子。因此，在研究土壤干层时把握其形成的主要驱动力是解释其导致局部空间变异的关键所在。在进行水土流失综合治理及水土保持植被措施配置时，应综合考虑立地条件、气象条件等环境因子，选择适宜的植被类型、植被配置和栽植密度才能保障植被生长状况和生态恢复的质量。

### 1.3.4 植物根序研究

林木根系主要分为粗根和细根，越来越多的学者专注于对细根的研究，并且在细根研究的基础上，发现单纯以直径大小为标准来划分细根，就容易忽视细根内部结构和功能上的一些差异，并且在不同分枝等级上，各根系的形态生理特征差异较大，这一点在很多研究中已得到证实（Hishi，2007）。为更深入地了解细根结构与功能之间的关系，Pregitzer 等（1998）提出根序法来进一步划分细根，将根系最前端根尖作为第一级，第二级生长于第一级上，以此类推，定义根系的等级。并且随着研究的深入，根序法也被大量应用于根系细根及生态学等的研究中，而且也被众多学者认同（Guo et al.，2008）。

大量研究表明，对于大部分地区的不同树种都表现出类似的规律，即随着根序等级的增加，细根的根长和直径均呈现增加的趋势，但是比根长却表现为减少的趋势，同样氮、磷的含量有所降低，导致根系的呼吸速率也有所降低，这是由于根系的呼吸速率与含氮量有直接的关系（Pregitzer et al.，1998），师伟（2008）也得出相同的结论，贾淑霞等（2010）对落叶松和水曲柳不同等级细根根序的呼吸速率进行测定，也得到相同的结果，第一级细根的呼吸速率最高，约是第五级细根的 1.5 倍，并且这两种树种的呼吸速率与其根系的含氮量相关性极高。王向荣等（2006）也对落叶松、水曲柳的根序进行相关研究，发现虽然是两个不同的树种，但随根序等级增加，直径的变异系数均逐渐增大，不同树种的不同等级根序、不同土层根系直径等均差异较大。无论是温带或亚热带树种，细根的含氮量均随根序等级的增加而增加，但被子植物升高的速率明显高于裸子植物（Li et al.，2010）。刘佳（2010）对亚热带树种进行研究，发现不同等级根序中，第三级根系直径最大，第一级根系直径最小，细根的含碳量与根序等级呈正相关关系，但是含氮量却与根序等级呈负相关关系，不同树种的碳氮比均增加明显。

卫星和张国珍（2008）于 2008 年解剖黄波罗细根，发现第一级细根通道细胞数量较多，且无次生生长，第四级和第五级细根没有通道细胞。Brunner 等（2008）通过对瑞士赤松细根进行轻微灌溉，观察细根的变化，结果发现轻微的灌溉对细根根长产生正效应，增加了细根的比根长，但是其组织密度有所降低。Comas 和 Eissenstat（2009）对北美 25 种不同树种的细根进行研究，结果表明最小的两个等级根序对植株根系的分枝程度、比根长、直径等起到了决定性的作用。熊德成（2012）对亚热带 6 种常绿阔叶林树种的细根结构和功能异质性进行研究，结果发现 6 种树种的细根，第一级和第二级细根的根数量占根数量总数的 80% 左右，不同树种的细根直径、根长、组织密度等均随根序等级的增加而增加，但比根长和比表面积随根序等级增大而减小，细根数量随根序增加呈指数函数变化，虽然根系生物量在 6 种不同树种之间表现出互不相同的规律，但细根生物量主要集中于高级根部分，细根的直径与根长、组织密度和生物量之间极显著相关，而细根根长与比根长、比表面积之间呈负相关，细根比表面积与生物量之间也呈负相关关系，因此对同一树种不同等级根序的细根呼吸与土壤养分之间的相关性较好。

## 1.3.5　细根生长特征

近年来，很多学者对细根的时空动态、垂直分布、生长生理特征，以及细胞学、分子生物学等方面进行相关研究。研究表明细根的生物量一般随土层加深而递减，大部分树种细根分布于浅层土壤，较少的分布于深层土壤（Burke and Raynal，1994；温达志和魏平，1999）。细根的生长与立地条件及土壤环境有密切的关系，立地条件良好的林木，表层细根与林龄变化关系不显著，但在贫瘠土地上，大部分细根集中于表层（Fischer et al.，1998）。根系与外部环境因子之间相互影响，根系生长构型对土壤结构、水分、养分含量均有一定的影响。

郑士光等（2010）采用土柱法对平茬区与对照区柠条根系生长特点进行了对比研究，结果发现平茬 4 个月的林地内 0～160cm 土层中，<10mm 的根系根量大幅增加，比对照区增加了 71.11%，其中 <2mm 的新根和 2～10mm 的粗根分别比对照区增加 100% 和 133.84%。牛西午（1998）发现黄土高原区柠条根系主要集中于 10～100cm 土层。王孟本等（2010）利用微根管技术对柠条人工幼林细根生长与死亡的季节变化进行研究，发现 50～100cm 土层的细根，其生长速率大于 0～50cm 土层的细根，但其死亡速率小于 0～50cm 土层细根。Mainiero 和 Kazda（2006）的研究表明，在长期干旱缺水状况下，山毛榉树细根量会大量减少，但是短期的水分亏缺对细根生长及周转影响不明显。杨婵婵（2013）通过对阿克苏地区中龄

期枣树根系的研究发现，水平方向上，根系生物量随水平距离增加而减小，红枣吸收根根长密度和根表面积也表现出相同的规律，但在垂直方向上，根长密度和根表面积则相反。成向荣等（2006）研究了刺槐人工林细根的空间垂直分布，以细根表面积为指标构建了垂直分布模型，将第一层定义为水分活跃层，第二层为水分衰减层，第三层为水分稳定层，这个模型较好地解释了黄土高原区细根分布与土壤水分之间的关系。魏国良等（2010）对梨树人工林根系进行测量，发现在水平方向上，根长密度主要集中于距离树干0~60cm，垂直方向上主要集中于0~40cm。同样，张良德等（2011）对人工刺槐林根系空间动态分布特征进行研究，发现其根系主要集中于0~60cm土层，其峰值出现在0~20cm土层。

谢志良（2009）通过对棉花根构型膜下滴灌水氮研究，发现根干质量随着滴水量的增加而增大，但根表面积和根长均呈降低的趋势，此外，主根、侧根的生长与营养元素有较大的关系，根系生长过程中，充足丰富的营养元素对根系构型的生长、根质量、体积等有促进作用，反之，良好的根系构型也可以促进土壤微生物活动及营养元素的吸收（Li et al.，2016）。脱落酸对侧根分生组织有一定的控制作用，也可以很好地促进根系的生长发育，研究表明脱落酸可以增加侧根数量，增强根系质量，但是过量的脱落酸则会带来负面影响（Beaudoin et al.，2000）。一般来说，细根生物量随土层的加深而减少，同样在草原地下生物量的研究中，也得到相同的结论，发现在上层集中了80%的根生物量，在对内蒙古锡林河流域的草原研究中也发现根系生物量主要集中于0~30cm土层中（韦兰英和上官周平，2007；任海彦等，2009）。在对长白山阔叶落叶松细根的研究中发现活细根和死细根生物量最低值均出现在6月，但活细根生物量于10月达到最大值，死细根生物量则于9月达到峰值，而对于水曲柳的细根生物量研究发现，水曲柳有两个峰值，分别出现在春天和秋天。根系的直径大小与其寿命息息相关，通常情况下，直径越小，其寿命越短，由于直径越小，其所含氮浓度越高，而碳浓度越低。Wells和Eissenstat（2002）分析了碧桃细根直径与寿命之间的关系，发现直径小于0.25mm的细根，寿命约为140d，直径在0.25~0.5mm的细根，其寿命约为260d，而大于0.5mm的细根寿命达420d。温达志和魏平（1999）对热带森林细根进行研究也发现相同的规律，直径小于2mm的细根，其平均寿命约为63d；直径在2~5mm的细根寿命则明显增加，约3个月。Pregitzer等（2002）对北美9个树种的根系长度进行研究，认为对于很多树种，第一级、第二级根系的累积长度占根系总长度的大部分，单个根的平均长度随根序的增加而增大，但细根数量随之减少。燕辉等（2010）发现低级细根的表面积较大，且细根表面积随土壤深度的增加呈降低的趋势。

大量研究表明，根系的生理特征与土壤含水量紧密关联，一般认为根系活力越高，其呼吸作用就越好，吸收水分和养分的能力也越强，能更好的供应植株地上部分的生长。一般来说，根系活力随干旱的加重而逐渐下降。努尔帕提曼·买买提热依木等（2011）对沙枣幼苗根系的活力进行研究，发现如果土壤相对含水量降到 10%时，根系活力就会明显下降。Pettigrew（2004）发现，不同土层含水量不同，其根系活力的差异性也较大，若 0～30cm 土壤含水量保持在一个湿度胁迫状态下，则其根系活力下降，但 30cm 以下的根系活力却有所增大，若在水分亏缺状态下，根系活力均大幅降低，所以说根系活力与各土层土壤含水量密切相关。同样，根系的内源激素含量及不同的酶活性、膜透性等均与土壤环境因子息息相关，已有研究发现，根系为保证地上部分正常的蒸腾作用，根系脱落酸随着土壤水分的减少而增加（赵文魁等，2008），超氧化物歧化酶、过氧化氢酶、过氧化物酶等也随水分条件的变化而变化，在轻度水分胁迫下，3 种酶活性均略有增强，但在重度胁迫下，其变化规律不尽相同，其中过氧化物酶活性增强，而其他两种酶活性则会有所下降（祁娟等，2009）。但还有研究表明，随土壤水分胁迫的加重，超氧化物歧化酶与过氧化物酶的活性均增强，这说明植物在水分严重亏缺的状态下为适应干旱的环境条件，保持着较高的酶活性，有效清除一些有害物质（单长卷等，2007）。

# 第2章　研究区概况与试验方法

## 2.1　研究区概况

### 2.1.1　地理位置

研究地点为内蒙古自治区赤峰市敖汉旗西北部的黄花甸子小流域，地理坐标42°17′N～42°33′N、119°36′E～119°53′E，位于老哈河中游南岸，科尔沁沙地南缘，面积约为 30km²，属于中温带半干旱大陆性季风气候区。该流域位于半干旱区农牧交错带，是我国最典型的水土流失、土地沙漠化区域。采样地点选择在敖汉旗西北部的新惠林场乌兰昭作业区。

### 2.1.2　气候特征

研究区地处温带半干旱大陆性季风气候区，四季分明。年均降水量 400～470mm，年内年际变化率较大，50%以上集中在 5～10 月，降水量自南向北递减。年均蒸发量2450mm，2015 年蒸发量为 2585.6mm。全年日照时数为 2940～3060h，历年平均日照时数为 2999.3h。10℃以上年积温为 3189℃。春季风力大、持续时间较长，年均风速为 4～6m/s。无霜期为 140d。

### 2.1.3　地形地貌

黄花甸子流域位于敖汉旗西北部低山丘陵区，海拔在 440～906m，大部分为黄土覆盖的丘陵和台地，相对高度一般在 10m 左右，土层较厚，一般在 20m 以上，水源不足，人均占有耕地面积较多，是全旗水土流失比较严重的地区，风沙沙化是本区的主要障碍因子。敖汉旗地貌类型指标详见表 2-1。

表 2-1　敖汉旗地貌类型指标

| 地貌类型 | 面积/hm² | 比例/% |
|---|---|---|
| 土石山区 | 284 120 | 34 |
| 丘陵沟壑区 | 283 373 | 34 |
| 风沙土区 | 205 660 | 25 |
| 河川平地区 | 56 940 | 7 |
| 合计 | 830 093 | 100 |

### 2.1.4　土壤特征

研究区主要土壤类型为栗钙土和风沙土，土壤呈弱碱性到碱性，pH 在 8.0 左右，且随土层深度加深而 pH 增大；土壤退化严重，表层有机质积累很弱，腐殖质基本色调为栗色或灰棕色，厚度在 10～25cm；表层土壤结构多呈粒状、团粒状、粉末状；土壤剖面有明显的石灰反应，碳酸钙多淀积在 30～50cm。

### 2.1.5　植被特征

敖汉旗地处欧亚干草原区，地带性植被以疏林草原为主。黄花甸子流域位于敖汉旗西北部黄土丘陵及黄土漫岗区，植被稀疏，原生植被较少，只有低矮丛生小灌木及杂草，植被盖度在 10%以下。该流域主要以人工植被为主，以水土保持和防风固沙为主要目的，主要造林树种为小叶杨（*Populus simonii*）、山杏（*Armeniaca sibirica*）、沙棘（*Hippophae rhamnoides*）和柠条锦鸡儿（*Caragana korshinskii*）等，在配置上多以纯林为主。

在作业区内选择高差大于 5m 的坡面上人为扰动较小的相同配置柠条纯林，对同一林龄、同一坡向不同坡位上柠条生长状况进行调查，并分析不同坡位上柠条人工林根系的生长差异，以期为人工造林或培育其他生态公益林在立地选择及经营管理等方面提供可靠的科学参考依据。

## 2.2　研　究　方　法

### 2.2.1　平茬处理

本研究在黄花甸子小流域选取立地条件、管护措施等条件基本一致，林龄为 10 年生的柠条锦鸡儿人工林地作为试验地，坡面为西北坡，坡度约为 4°。同一坡面上种植密度为 2m×5m，即柠条锦鸡儿行距为 5m，同一行中柠条锦鸡儿之间的距离为 2m。将坡面沿南北方向分为等面积的 3 块标准地，即标准地 1、标准地 2 和标准地 3。于 2016 年春季解冻前、3 月上旬对各标准地内柠条锦鸡儿进行距离地表 0cm（齐地）全面平茬、0cm（齐地）隔行平茬、10cm 全面平茬、10cm 隔行平茬、20cm 全面平茬和 20cm 隔行平茬处理，并以未平茬处理的柠条锦鸡儿人工林地作为对照，各处理的面积大小为 150m×50m。平茬采用手锯和修枝剪操作，保证切口平整光滑、无毛刺，平茬方式为全部平茬；为了减少水分散失，平茬后进行涂漆处理。

### 2.2.2 样地布设与仪器安装

微根管的安装与平茬同时进行，为避免边缘效应，将微根管集中安装在试验样地中心。因此，本试验在每个平茬样地内选择 2 丛柠条，在距柠条 0cm 处安装微根管，12 个平茬样地共计 24 根。在对照样地内，同样选择 2 丛标准丛，在距标准丛 0cm 处安装微根管，3 个样地共计 6 根，总共安装微根管 30 根。在安装微根管的柠条周围用 2m 高的铁丝网进行维护，以避免外界干扰。根据之前学者对本试验区的柠条细根的空间分布研究，发现柠条细根在垂直方向上集中分布于 100cm 范围内（高玉寒等，2017；刘龙等，2017），因此本试验着重对 100cm 范围内的细根观测。安装微根管时参照 Johnson 等（2001）的方法，在所选位置上，安装由 PVC（聚氯乙烯）材料制成的透明圆柱形管（内径为 7.1cm，长度为 200cm），安装时，先用特制的冲力钻在选定的位置上进行打孔，为避免根系沿管壁生长，在打孔时，冲力钻要与地面呈 30°，垂直深度约为 100cm。安装前，检查微根管底部的密封情况，防止水分的进入，将微根管轻轻放入打好的孔中，先用保鲜膜覆盖管口，然后盖上黑色的盖子，用黑色胶带加封（Johnson et al.，2001），最后，将打孔钻出来的细土用水混合成泥浆状进行回填，使得微根管与土壤之间的缝隙填满、充实。待微根管完全固定后，用白色塑料桶将管口封盖，最后对微根管周围的灌木和草本植物连根除掉以避免对柠条细根的观测产生干扰。试验布设完成后按照原来的管护措施统一管护。

### 2.2.3 相关指标的测定与计算

#### 2.2.3.1 平茬植株取样

柠条锦鸡儿平茬后，为了解植物根系中淀粉酶活性及其与内源激素的关系，从平茬后第一天开始，每隔 10d，分别对对照、10cm 全面平茬处理、10cm 隔行平茬处理、20cm 全面平茬处理和 20cm 隔行平茬处理柠条锦鸡儿的浅表层（0～30cm）侧根进行采样（每次采样时每个处理 3 株，采样量很少，不会影响植物的生长）。所采样品一部分迅速放入冰盒，带回实验室，105℃杀青 30min，70℃烘 48h 后，用粉碎仪粉碎，于自封袋中保存。另外一部分快速放入液氮，带回实验室之后–80℃低温保存，用作淀粉酶活性和激素测定。

2016 年 8 月下旬及 2017 年、2018 年和 2019 年的 8 月，在对照、10cm 全面平茬处理、10cm 隔行平茬处理、20cm 全面平茬处理和 20cm 隔行平茬处理柠条锦鸡儿的各样地中分别选择长势良好的柠条锦鸡儿每个处理各 3 丛，首先对不同处理柠条锦鸡儿的株高和冠幅及地上部分的形态指标进行测定，其次对光合参数，以及枝条木质部水分传导速率、水分传导损失率进行测定。对 10cm 全面平茬处理、10cm 隔行平茬处理、20cm 全面平茬处理和 20cm 隔行平茬处理柠条锦鸡的侧根、枝中上部的茎和叶，对照株当年生枝、叶、侧根进行采样（每采样时间点每处理采 3 丛，每丛柠条锦鸡儿只采样一次）。采后样品迅速放入液氮，带回实验室内并低温保存，用于游离氨基酸含量的测定。

### 2.2.3.2　地上生长指标的测定

地上生长指标的测定如下。①株高：在 2016 年、2017 年、2018 年和 2019 年的 8 月选取每丛柠条中最高一株测定自然高度。②冠幅：对灌丛进行东西和南北两个方向的冠幅测定（长×宽）。③当年生长枝条度：采用精确度为 0.1cm 的盒尺测量。④基径：灌丛的基径用精确度为 0.01mm 游标卡尺贴地面测量。⑤生物量：每块样地内选择标准丛，由平均地径、平均高、平均冠幅、平均分枝数确定 3 丛，整株砍掉，测定地上总生物量，再从中选出部分当年生标准枝，测定当年生茎和叶生物量。⑥当年生长量：当年生枝条生物量+叶生物量。

### 2.2.3.3　根系的测定

经调查发现柠条锦鸡儿根系主要出现在 0～200cm 土层内，占总根质量的 97% 以上（曹成有等，2007；朱元龙等，2011），因此，分层取样时将坡面上距离标准丛 200cm 的圆形区域内垂直深度为 0～200cm 的土层以 0～20cm、20～40cm、40～60cm、60～80cm、80～100cm、100～120cm、120～140cm、140～160cm、160～180cm、180～200cm 分 10 层作为根系采集区。采用四分之一圆法对柠条根系进行取样，以植株为圆心，综合考虑标准地的环境情况、标准丛的生长情况及数据的精准性，选择垂直林带走向一侧的扇形区域为数据采集区，且扇形区域圆心角为 90°，如图 2-1 所示。

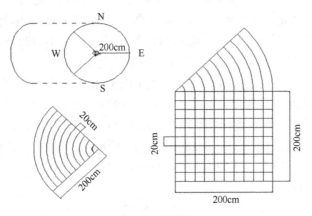

图 2-1　取样图

将各土层根系分别在孔径为0.1mm的筛筐冲洗，在把根上附着的泥土冲洗掉的同时，用游标卡尺筛选出该土层内的细根（径级≤2mm），并用日本精工爱普生公司生产的 EPSON10000XL 进行扫描后，通过 WinRHIZO 根系分析系统计算出各土层根系的细根总长。

### 2.2.3.4 生长指标的测定

1）茎叶比：当年生枝条生物量与当年生叶生物量的比值。

2）根冠比：根系生物量与积累地上生物量的比值。

3）各组分生物量分配：各构件生物量与地上生物量、地下生物量总和的比值。

4）补偿指数：柠条锦鸡儿的补偿生长指数用 $G/C$（$G$ 为平茬后柠条锦鸡儿生长指标的值，$C$ 为对照组柠条锦鸡儿生长指标的值）表示。根据补偿指数及方差分析的结果综合判断其补偿生长模式。若 $G/C>1$，且不同留茬高度处理与对照柠条锦鸡儿之间存在显著差异，则为超补偿；若 $G/C=1$，且不同留茬高度处理与对照柠条锦鸡儿之间无显著差异，则为等量补偿；若 $G/C<1$，且不同留茬高度处理与对照柠条锦鸡儿之间存在显著差异，则为欠补偿。

本研究中 $G_H$ 代表补偿株高，即不同留茬高度处理柠条锦鸡儿 8 月收获时株高与 3 月平茬部分株高之和；$G_B$ 代表补偿地上生物量，即不同留茬高度处理柠条锦鸡儿 8 月收获时的地上生物量与 3 月平茬部分地上生物量之和。分别用 $G_H/C$ 和 $G_B/C$ 表示株高补偿指数和地上生物量补偿指数。计算公式：$G_H/C=G_H/$对照柠条锦鸡儿株高；$G_B/C=G_B/$对照柠条锦鸡儿地上生物量。

### 2.2.3.5 生理指标的测定

#### 1. 光合作用各参数的测定

2016 年、2017 年、2018 年和 2019 年的 8 月，选择天气晴朗日，在对照、10cm 全面平茬处理、10cm 隔行处理、20cm 全面平茬处理和 20cm 隔行平茬处理中分别选择具代表性且长势良好的柠条锦鸡儿各 3 丛，用 LI-6400 光合作用测定仪（LI-COR Inc.，USA）测定供试植株光合参数日变化。

在 4 种不同留茬高度平茬处理和对照组的植株中上部沿东、南、西、北 4 个方向，选择健康叶片作为测定样叶从 7:00 至 19:00，每 2h 对叶片测定一次，记录 5 次数据取平均值。测定指标包括净光合速率 [$P_n$，μmol/(m²·s)]、蒸腾速率 [$T_r$，μmol/(m²·s)]、气孔导度 [$G_s$，μmol/(m²·s)]，环境因子参数（大气温度、大气湿度和大气 $CO_2$ 浓度等）由 LI-6400 光合作用测定仪同步测定。

水分利用效率

$$WUE = P_n/T_r \qquad (2\text{-}1)$$

式中，WUE 为叶片水分利用效率；$P_n$ 为净光合速率；$T_r$ 为蒸腾速率。

气孔限制值

$$L_s = 1 - C_i / C_a \qquad (2\text{-}2)$$

式中，$L_s$ 为气孔限制值；$C_i$ 为胞间 $CO_2$ 浓度；$C_a$ 为大气 $CO_2$ 浓度。

由于不同留茬高度平茬处理植株和对照植株在同一试验样地，经测定，土壤含水量和环境因子无显著差异，因此未分析和探讨土壤含水量和环境因子对各参数的影响。

**2. 导水率的测定**

2016 年、2017 年、2018 年和 2019 年的 8 月在对照、10cm 全面平茬处理、10cm 隔行平茬处理、20cm 全面平茬处理和 20cm 隔行平茬处理中，每个处理选 3 丛，用黑塑料袋包好带回实验室内，再将枝条剪下长约 10cm 的茎段，用于测量植物的水力结构参数。将甲基蓝染料溶于超纯蒸馏水中作为灌注溶液，然后持续用 50cm 的水力头产生相对水压充填枝条导管。木质部栓塞率按如下方法测定：将甲基蓝染料在 50cm 压力水头的作用下从枝条的内端浸入，随着溶液的灌入，枝条中栓塞得以去除，当流速稳定时，开始计时。导水率 $K_h[g·m/(MPa·min)]$ 表示单位时间、单位压力梯度下甲基蓝溶液的通过量。

去除枝条树皮，对距离末端大约 1cm 的染色横断面逐行扫描，即得木质部面积。摘掉整个枝条末端的叶子，称总鲜重，放入烘箱内烘干，称重，为该枝条的叶干重。导水率与木质部面积的比值是比导率，与叶干重的比值为叶比导率。

**3. 木材密度测定**

随机选取对照、10cm 全面平茬处理、10cm 隔行平茬处理、20cm 全面平茬处理和 20cm 隔行平茬处理柠条锦鸡儿，每个处理 3 丛，截取直径相似的枝条测木材密度。先去掉树皮，将木质部浸入到水中 12h 使其饱和。然后擦干表面，用排水量法测量木质部的体积。烘干得到干生物量。

**4. 叶片含水量与叶片保水力的测定**

采用烘干–称重法测定叶片含水量（李建华等，2010）。选择 2016 年、2017 年、2018 年和 2019 年的 8 月天气晴朗日，分别于 7:00、14:00 和 19:00，在每个供试植株上随机摘取 30 片长势良好的叶片，快速装入塑封袋中带回实验室内，先用万分之一电子天平称叶片鲜重，然后将叶片浸入蒸馏水中，遮光放置 6h，待叶片充分吸水呈饱和状态后取出叶片，用滤纸吸干叶片表面水分，并迅速放入已知质量的称量瓶中称饱和鲜叶重，最后放入烘箱内 80℃条件下烘干至恒重，称取叶片干重并计算叶片相对含水量（RWC）和叶片水分饱和亏（WSD）。

叶片相对含水量（RWC）

$$RWC = \frac{W_f - W_d}{W_t - W_d} \times 100\%$$ (2-3)

式中，$W_f$ 为叶片鲜重（g）；$W_d$ 为叶片干重（g）；$W_t$ 为饱和鲜叶重（g）。

叶片水分饱和亏（WSD）

$$WSD = \frac{W_t - W_f}{W_t - W_d} \times 100\%$$ (2-4)

### 2.2.3.6 植物激素、淀粉酶活性与脯氨酸的测定

**1. 植物激素测定**

2016 年、2017 年、2018 年和 2019 年的 8 月取对照、10cm 全面平茬处理、10cm 隔行平茬处理、20cm 全面平茬处理和 20cm 隔行平茬处理柠条锦鸡儿的适量表层根的鲜样，加入 80%的甲醇［其中含有 2,6-二叔丁基对甲酚（BHT，作为抗氧化剂）］，在液氮中研磨至匀浆，转入离心管中浸提 4h，然后用高速离心机 10 000r/min 离心，取上清液，在残渣中继续重复两次加入提取液并提取，最后与上清液合并。将提取液送至生物科技公司通过酶联免疫法进行植物生长素（indoleacetic acid，IAA）、细胞分裂素（cytokinin，CTK）、赤霉素（gibberellins，GAs）测定。

**2. 淀粉酶活性的测定**

将根系冻样 0.5g 置于研钵中，以 0.1mol/L 磷酸缓冲液（pH 6.5）作为提取液，加入液氮迅速研成匀浆后，4℃提取 30min，15 000r/min 下离心，重复提取 2 次，收集上清液用于测定淀粉水解酶的活性。α-淀粉酶根据 McCleary（1987）的方法测定；淀粉酶活性的单位是 mg 麦芽糖/(g·5min)。

**3. 游离氨基酸的测定**

将生长季取样的植物根系称取 0.8g，冰浴研磨后加入 10mL 4%磺基水杨酸浸提，用 10 000r/min 高速离心机进行离心，取得上清液，在日立 835-50 型氨基酸自动分析仪上测定游离氨基酸。样品中脯氨酸以 mg/100g 干重表示。

## 2.2.4 微根管数据采集与处理

因为微根管的安装对土壤环境造成了较大了扰动，所以需要一年的时间使管和土达到平衡。为确保测量数据的准确性，本研究所采用的数据均是第二年柠条生长季的数据（2017 年 4～10 月）。测量时使用的是美国 Bio-Science 公司生产的

CI-600 图像采集系统，该系统的观测窗面积为 21.56cm×19.56cm。对 0～20cm、20～40cm、40～60cm、60～80cm、80～100cm 土层的细根图片进行采集，每次每个微根管收集 5 张图片，观测结束后共收集 630 张图片，并依据取样时间，观测窗位置，细根编号建立根系数据库。根据 Hendrick 等的细根分类方法确定活根和死根（Pregitzer et al.，1993）。然后用配套根系分析软件 RootSnap 对所获得的图片进行测量分析，获得一系列相关参数。软件操作界面详见图 2-2。

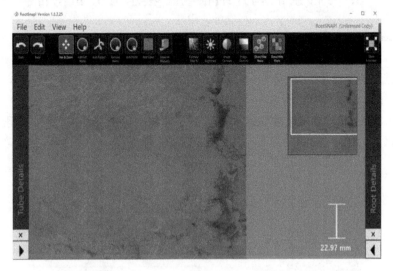

图 2-2　根系分析软件 RootSnap 操作界面（彩图请扫封底二维码）

## 2.3　数据整理与统计分析

数据整理及制表在 Excel 2013 及 SPSS 17.0 中进行，柠条锦鸡儿细根分布图由 Surfer 7.0 绘制而成。综合评价采用隶属函数法和主成分分析法。

# 第 3 章  柠条锦鸡儿根系特征

## 3.1  柠条锦鸡儿细根与土壤水分分布特征

### 3.1.1  柠条锦鸡儿林地土壤含水率空间分布特征

通过对研究区不同坡位 0～200cm 土壤剖面的土壤含水率进行测量，发现各坡位平均土壤含水率由大到小依次为坡底（4.00%）＞坡中（3.60%）＞坡顶（3.47%）。对比不同坡位土壤含水率垂直土层间和水平土层间的差异，发现各土层土壤含水率沿水平方向和垂直方向的分布规律存在差异，如图 3-1、图 3-2 所示。

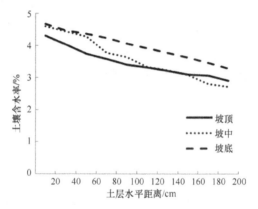

图 3-1  各坡位土壤含水率水平方向分布特征

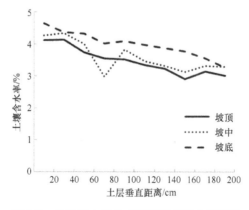

图 3-2  各坡位土壤含水率垂直方向分布特征

由图 3-1 可见，随水平距离增加各坡位土壤含水率均表现为坡底＞坡中＞坡顶，且随水平距离的增加土壤含水率呈极有规律的逐渐减少。

由图 3-2 可见，随土壤垂直距离增加各坡位土壤含水率总体表现为坡底＞坡中＞坡顶，且土壤含水率随垂直距离增加基本呈减少趋势，但是在 170cm 以后明显减缓，总体走势波动起伏较大。

根据研究区不同坡位 0～200cm 土壤剖面含水率的实测数据，对柠条林地土壤含水率进行研究，结果表明，不同坡位柠条林地土壤含水率存在差异，各坡位 0～200cm 土壤剖面含水率的变化范围分别为坡顶 2.56%～5.65%、坡中 2.25%～6.01%、坡底 2.78%～5.67%。利用 Surfer 软件分别制作各坡位土壤含水率在三维空间的分布图。

由图 3-3 可见，坡顶柠条林地土壤含水率随距标准丛的水平距离和垂直距离的增加呈逐渐减小的趋势。水平方向各土层土壤含水率平均值的变化范围为 2.91%～4.14%，垂直方向各土层土壤含水率平均值的变化范围为 2.91%～4.31%。随着土层深度增加，植株正下方土壤含水率明显高于其他区域，最大值出现在标准丛正下方 15～30cm 位置，在约 80cm 的位置土壤含水率较大，而 50～70cm 处土壤含水率较低。

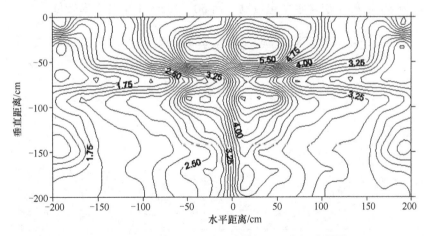

图 3-3　坡顶柠条林地土壤含水率（%）空间分布图

由图 3-4 可见，坡中柠条林地土壤含水率分布规律与坡顶相似，随距标准丛的距离增加呈有规律的逐渐减小。水平方向各土层土壤含水率平均值的变化范围为 2.99%～4.35%，垂直方向各土层土壤含水率平均值的变化范围为 2.72%～4.61%。标准丛下方垂直距离为 15～30cm 土层的含水率达到最高，垂直距离为 80cm 的土层含水率较高，而 50～70cm 土层含水率较其上、下土层明显偏低。

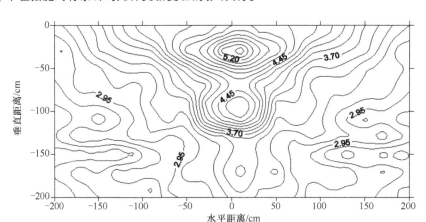

图 3-4　坡中柠条林地土壤含水率（%）空间分布图

由图 3-5 可见，坡底柠条林地土壤含水率分布规律与坡顶、坡中的相似，随距标准丛的距离增加土壤含水率逐渐减小。水平方向各土层含水率平均值的变化范围为 3.26%～4.64%，垂直方向各土层含水率平均值的变化范围 3.29%～4.67%。柠条林地土壤含水率最大值同样出现在垂直距离为 15～30cm 的土层，垂直距离为 80cm 的土层含水率也较高，而 50～70cm 土层含水率较低。

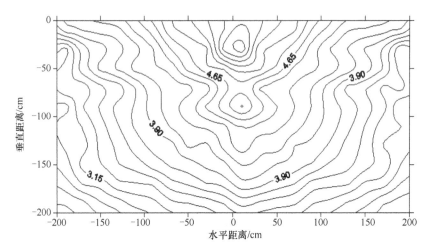

图 3-5　坡底柠条林地土壤含水率（%）空间分布图

各坡位土壤剖面中土壤含水率随距标准丛的距离增加呈逐渐减小的趋势，其最大值始终在标准丛正下方，垂直方向的最大值均出现在标准丛正下方 15～30cm 的位置，但是在约 80cm 的位置出现另一个峰值，而 50～70cm 处则出现低谷，其含水率几乎达到凋萎湿度，这主要是由于该研究区距地表 50～70cm 处均有厚度约为 20cm 的钙积层，钙积层土壤相对其他土层结构紧实、通透性差，增加了土壤水分流通及保持难度，因此 50～70cm 土层的土壤含水率明显偏低（高玉寒等，2017）。钙积层下层土壤相对疏松、通透，水分通过钙积层后得到积累且几乎没有蒸腾作用，因此 80cm 土层土壤含水率较大，随土层深度继续增加，土壤含水率逐渐减小，在 180cm 土层以下略微得到回升（高玉寒等，2017）。

### 3.1.2　柠条锦鸡儿细根空间分布特征

以柠条为研究对象，共调查了 24 丛柠条根系，坡顶、坡中、坡底各 8 丛，按分层取样法采集柠条细根。整理各标准地的调查数据，发现标准地 1、标准地 2 和标准地 3 中细根绝大多数分布在浅层土壤中，随土层加深细根密度急剧下降，这与牛西午等（2003）的研究结果一致。成向荣等（2008）研究发现 0～100cm 土层中细根含量约占整个土壤剖面的 90%，本研究区 0～100cm 土层中细根含量分别占整个取样土层的 81%、74% 和 78%。这可能与立地条件和柠条林龄有关，本书选择的标准地是低山丘陵区，而成向荣等（2008）选择的是沙地，牛西午等（2003）研究发现柠条根系在沙地比黄土丘陵地区水平方向分布较远，而垂直向下伸展较浅；本书研究的柠条林龄为 10 年，而张志山等（2006）选择的柠条林龄为 15 年，这从侧面证实了数据的可靠性。

#### 3.1.2.1　柠条锦鸡儿细根表面积空间分布特征

**1. 柠条细根表面积垂直、水平分布特征**

通过对研究区 0～200cm 土层细根表面积在垂直方向的分布特征进行分析，得出细根表面积沿垂直方向的分布规律，如图 3-6 所示。

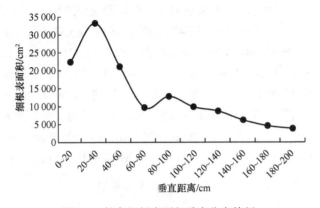

图 3-6　柠条细根表面积垂直分布特征

柠条细根表面积随着垂直距离的增加总体呈现先增加后减少的趋势，在 60～80cm 土层因为少量碳酸钙结核的影响，细根表面积减少趋势较为明显，但在 80～100cm 土层有所增加，然后在 100cm 以下土层表面积逐渐减少。0～20cm 土层的表面积为 22 390.45cm²，20～40cm 土层的表面积为 33 222.09cm²，40～60cm 土层的表面积为 21 111.25cm²，60～80cm 土层的表面积为 9719.80cm²，80～100cm 土层的表面积为 12 815.50cm²，100～120cm 土层的表面积为 9903.51cm²，120～140cm 土层的表面积为 8718.35cm²，140～160cm 土层的表面积为 6189.13cm²，160～180cm 土层的表面积为 4549.47cm²，180～200cm 土层的表面积为 3797.27cm²。垂直方向细根表面积大小表现为 20～40cm＞0～20cm＞40～60cm＞80～100cm＞100～120cm＞60～80cm＞120～140cm＞140～160cm＞160～180cm＞180～200cm。

通过对研究区 0～200cm 土层细根表面积在水平方向的分布特征进行分析，得出细根表面积沿水平方向的分布规律，如图 3-7 所示。

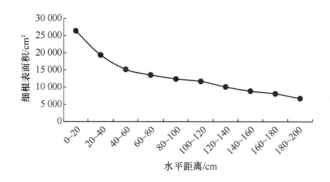

图 3-7 柠条细根表面积水平分布特征

柠条细根表面积随着水平距离的增加呈现逐渐减少的趋势。0～20cm 土层的表面积为 26 402.07cm²，20～40cm 土层的表面积为 19 385.31cm²，40～60cm 土层的表面积为 15 176.19cm²，60～80cm 土层的表面积为 13 535.34cm²，80～100cm 土层的表面积为 12 391.65cm²，100～120cm 土层的表面积为 11 712.4cm²，120～140cm 土层的表面积为 10 099.08cm²，140～160cm 土层的表面积为 8876.38cm²，160～180cm 土层的表面积为 8104.92cm²，180～200cm 土层的表面积为 6735.86cm²。水平方向细根表面积大小表现为 0～20cm＞20～40cm＞40～60cm＞60～80cm＞80～100cm＞100～120cm＞120～140cm＞140～160cm＞160～180cm＞180～200cm。

**2. 柠条不同径级细根表面积垂直、水平分布特征**

通过对研究区 0～200cm 土层各径级细根表面积在垂直方向的分布特征进行分析，发现各径级细根表面积大小表现为 0～0.5mm＞0.5～1.0mm＞1.0～1.5mm＞

1.5～2.0mm。对比各径级细根表面积在垂直方向的分布特征，发现各径级细根表面积沿垂直方向的分布存在明显差异（图 3-8）。

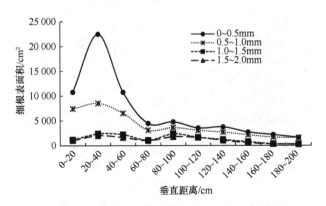

图 3-8　柠条各径级细根表面积垂直分布特征

由图 3-8 可知，柠条各径级细根表面积随垂直距离的增加总体上均呈先增加后减少的趋势且变化规律基本相似，各径级细根表面积在 60～80cm 土层因为碳酸钙结核的影响出现低谷值，但在 80～100cm 土层表面积有所增加，后随垂直距离增加总体呈下降趋势。其中，0～0.5mm 细根变化幅度较最大，0.5～1.0mm 细根变化幅度次之，1.0～1.5mm 和 1.5～2.0mm 的细根变化幅度较小。径级 0～0.5mm 的细根表面积在 20～40cm 土层最大，为 22 461.75cm$^2$；在 180～200cm 土层最小，为 1620.43cm$^2$。径级 0.5～1.0mm 细根表面积在 20～40cm 土层最大，为 8522.50cm$^2$；在 180～200cm 土层最小，为 1571.93cm$^2$。径级 1.0～1.5mm 细根表面积在 20～40cm 土层最大，为 2403.06cm$^2$；在 180～200cm 土层最小，为 316.51cm$^2$。径级 1.5～2.0mm 细根表面积在 20～40cm 土层最大，为 2028.70cm$^2$；在 180～200cm 土层最小，为 228.41cm$^2$。

通过对研究区 0～200cm 土层各径级细根表面积在水平方向的分布特征进行分析，发现各径级细根表面积大小表现为 0～0.5mm＞0.5～1.0mm＞1.0～1.5mm＞1.5～2.0mm。比较各径级细根表面积在水平方向的分布特征，发现各径级细根表面积沿水平方向变化规律基本相似（图 3-9）。

由图 3-9 可知，柠条各径级细根表面积随水平距离增加总体上均呈逐渐降低的趋势。其中，径级 0～0.5mm、0.5～1.0mm 和 1.0～1.5mm 细根变化幅度较大，径级 1.5～2.0mm 的细根变化幅度较小。径级 0～0.5mm 的细根表面积在 0～20cm 土层最大，为 10 849.40cm$^2$；在 180～200cm 土层最小，为 3195.55cm$^2$。径级 0.5～1.0mm 细根表面积在 0～20cm 土层最大，为 8126.64cm$^2$；在 180～200cm 土层最小，为 1826.42cm$^2$。径级 1.0～1.5mm 细根表面积在 0～20cm 土层最大，为

4818.89cm²; 在 180～200cm 土层最小, 为 1042.53cm²。径级 1.5～2.0mm 细根表面积在 0～20cm 土层最大, 为 2607.15cm²; 在 180～200cm 土层最小, 为 671.36cm²。

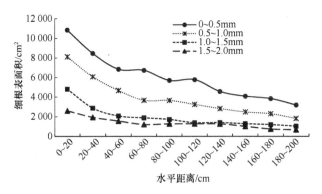

图 3-9　柠条各径级细根表面积水平分布特征

#### 3.1.2.2　柠条锦鸡儿细根投影面积空间分布特征

**1. 柠条细根投影面积垂直、水平分布特征**

通过对研究区 0～200cm 土层细根投影面积在垂直方向的分布特征进行分析, 得出细根投影面积沿垂直方向的分布规律, 如图 3-10 所示。

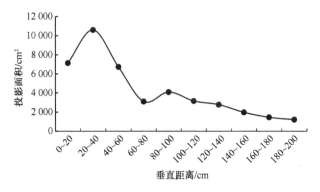

图 3-10　柠条细根投影面积垂直分布特征

柠条细根投影面积随着垂直距离的增加总体呈现先增加后减少的趋势, 不同径级细根投影面积在 60～80cm 土层因为碳酸钙结核的影响下降趋势较为明显, 在 80～100cm 土层投影面积有少量增加。细根 0～20cm 土层的投影面积为 7147.06cm², 20～40cm 土层的投影面积为 10 604.52cm², 40～60cm 土层的投影面积为 6738.73cm², 60～80cm 土层的投影面积为 3102.57cm², 80～100cm 土层的投影面积为 4090.72cm²,

100～120cm 土层的投影面积为 3161.21cm$^2$，120～140cm 土层的投影面积为 2782.92cm$^2$，140～160cm 土层的投影面积为 1975.57cm$^2$，160～180cm 土层的投影面积为 1452.19cm$^2$，180～200cm 土层的投影面积为 1212.09cm$^2$。垂直方向细根投影面积大小表现为 20～40cm＞0～20cm＞40～60cm＞80～100cm＞100～120cm＞60～80cm＞120～140cm＞140～160cm＞160～180cm＞180～200cm。

通过对研究区 0～200cm 土层细根投影面积在水平方向的分布特征进行分析，得出细根投影面积沿水平方向的分布规律，如图 3-11 所示。

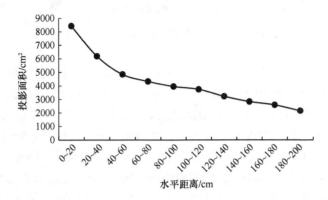

图 3-11　柠条细根投影面积水平分布特征

柠条细根投影面积随着水平距离的增加呈现逐渐减少的趋势。细根在 0～20cm 土层的投影面积为 8427.57cm$^2$，20～40cm 土层的投影面积为 6187.81cm$^2$，40～60cm 土层的投影面积为 4844.25cm$^2$，60～80cm 土层的投影面积为 4320.50cm$^2$，80～100cm 土层的投影面积为 3955.43cm$^2$，100～120cm 土层的投影面积为 3738.62cm$^2$，120～140cm 土层的投影面积为 3223.64cm$^2$，140～160cm 土层的投影面积为 2833.35cm$^2$，160～180cm 土层的投影面积为 2587.10cm$^2$，180～200cm 土层的投影面积为 2150.09cm$^2$。水平方向细根投影面积大小表现为 0～20cm＞20～40cm＞40～60cm＞60～80cm＞80～100cm＞100～120cm＞120～140cm＞140～160cm＞160～180cm＞180～200cm。

**2. 柠条不同径级细根投影面积垂直、水平分布特征**

通过对研究区 0～200cm 土层各径级细根投影面积在垂直方向的分布特征进行分析，发现各径级细根投影面积大小表现为 0～0.5mm＞0.5～1.0mm＞1.0～1.5mm＞1.5～2.0mm。对比各径级细根投影面积在垂直方向的分布特征，发现各径级细根投影面积沿垂直方向分布的差异较为显著（图 3-12）。

由图 3-12 可知，柠条各径级细根投影面积随垂直距离增加总体上均呈先增加后减少的趋势且变化规律基本相似，在 60～80cm 土层因为轻微钙积层的影响，

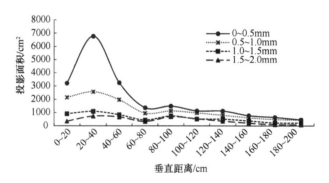

图 3-12　柠条各径级细根投影面积垂直分布特征

各径级细根投影面积下降幅度较大，在 80～100cm 土层投影面积有所增加。其中，0～0.5mm 细根变化幅度较大，0.5～1.0mm、1.0～1.5mm 和 1.5～2.0mm 的细根变化幅度较小。径级 0～0.5mm 的细根投影面积在 20～40cm 土层最大，为 6770.02cm²；在 180～200cm 土层最小，为 456.32cm²。径级 0.5～1.0mm 细根投影面积在 20～40cm 土层最大，为 2568.70cm²；在 180～200cm 土层最小，为 442.66cm²。径级 1.0～1.5mm 细根投影面积在 20～40cm 土层最大，为 1094.31cm²；在 180～200cm 土层最小，为 223.98cm²。径级 1.5～2.0mm 细根投影面积在 20～40cm 土层最大，为 735.02cm²；在 180～200cm 土层最小，为 89.13cm²。

　　通过对研究区 0～200cm 土层各径级细根投影面积在水平方向的分布特征进行分析，发现各径级细根投影面积大小表现为 0～0.5mm＞0.5～1.0mm＞1.0～1.5mm＞1.5～2.0mm。对比各径级细根投影面积在水平方向的分布特征，发现各径级细根投影面积沿水平方向的变化规律基本相似（图 3-13）。

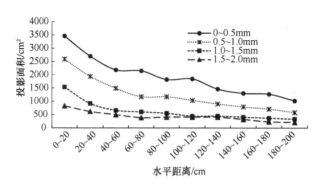

图 3-13　柠条各径级细根投影面积水平分布特征

　　由图 3-13 可知，柠条各径级细根投影面积随水平距离的增加总体上均呈逐渐减少的趋势。其中，径级 0～0.5mm、0.5～1.0mm 和 1.0～1.5mm 细根变化幅度较大，径级 1.5～2.0mm 的细根变化幅度较小。径级 0～0.5mm 的细根投影面积在 0～20cm 土层最大，为 3463.14cm²；在 180～200cm 土层最小，为 1020.02cm²。径级 0.5～1.0mm 细根投影面积在 0～20cm 土层最大，为 259.03cm²；在 180～200cm 土层最小，为 582.99cm²。径级 1.0～1.5mm 细根投影面积在 0～20cm 土层最大，为 1538.19cm²；在 180～200cm 土层最小，为 332.77cm²。径级 1.5～2.0mm 细根投影面积在 0～20cm 土层最大，为 832.21cm²；在 180～200cm 土层最小，为 214.30cm²。

### 3.1.2.3 柠条锦鸡儿细根质量空间分布特征

根据研究区不同坡位 0～200cm 土壤剖面的柠条细根实测数据，对柠条细根质量进行研究，结果表明，不同坡位柠条细根质量存在差异，各坡位 0～200cm 土壤剖面细根质量的变化范围分别为坡顶 1.12～51.77g、坡中 1.21～56.10g、坡底 1.78～63.71g。可以发现，随着坡位降低细根质量的最大值和最小值均表现出增加的趋势。利用 Surfer 软件分别制作各坡位柠条细根质量在三维空间的分布图，如图 3-14～图 3-16 所示。

由图 3-14 可见，坡顶柠条细根质量随距标准丛的水平距离和垂直距离的增加呈逐渐减小的趋势。水平方向各土层细根质量平均值的变化范围为 4.00～23.05g，垂直方向各土层细根质量平均值的变化范围为 2.85～28.06g。随着土层深度增加，植株正下方细根质量明显高于其他区域，最大值出现在标准丛正下方 15～30cm 位置，在约 80cm 的位置细根质量较大，而 50～70cm 处细根质量较低。

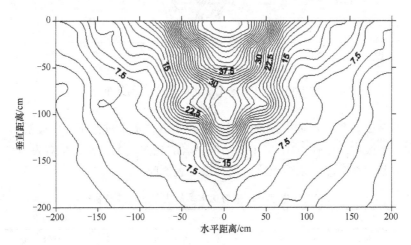

图 3-14　坡顶柠条细根质量（g）空间分布图

由表 3-1 可见，对坡顶柠条细根质量和土壤含水率进行相关性分析得到，细根质量与土壤含水率在 0.01 水平上呈极显著的相关关系，相关系数为 0.885，表明坡顶土壤含水率对柠条细根质量具有极显著影响。

表 3-1　坡顶细根质量与含水率的皮尔逊相关分析结果

| 指标 | 含水率 | 细根质量 |
|---|---|---|
| 含水率 | 1 | 0.885** |
| 细根质量 | 0.885** | 1 |

**表示相关关系极显著（$P<0.01$），后同

　　由图 3-15 可见，坡中柠条细根质量分布规律与坡顶相似，随距标准丛的距离增加有规律地逐渐减小，水平方向各土层细根质量平均值的变化范围为 5.47～24.71g，垂直方向各土层细根质量平均值的变化范围为 2.58～33.04g。标准丛下方垂直距离为 15～30cm 土层的细根质量达到最高，垂直距为 80cm 的土层细根质量较高，而 50～70cm 土层细根质量较其上、下土层明显偏低。

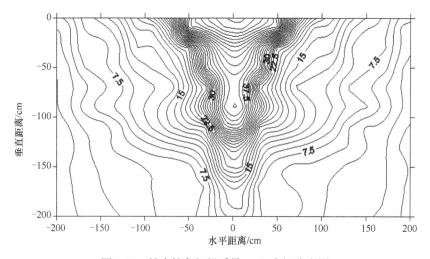

图 3-15　坡中柠条细根质量（g）空间分布图

　　由表 3-2 可见，对坡中柠条细根质量和土壤含水率进行相关性分析得到，细根质量与土壤含水率在 0.01 水平上呈极显著的相关关系，相关系数为 0.678，表明坡中土壤含水率对柠条细根质量具有极显著影响。

表 3-2　坡中细根质量与含水率的皮尔逊相关分析结果

| 指标 | 含水率 | 细根质量 |
|---|---|---|
| 含水率 | 1 | 0.678** |
| 细根质量 | 0.678** | 1 |

　　由图 3-16 可见，坡底柠条的细根质量分布规律与坡顶、坡中的相似，随距标准丛的距离增加细根质量逐渐减小。水平方向各土层细根质量平均值的变化范围

为 5.93～26.74g，垂直方向各土层细根质量平均值的变化范围为 2.43～30.30g。细根质量最大值同样出现在垂直距离为 15～30cm 的土层，垂直距离为 80cm 的土层细根质量也较高，而 50～70cm 土层细根质量较低。

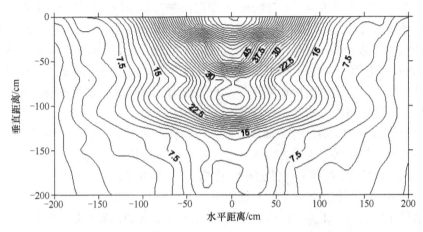

图 3-16　坡底柠条细根质量（g）空间分布图

对坡底柠条细根质量和土壤含水率进行相关性分析得到表 3-3，由表 3-3 可见，细根质量与土壤含水率在 0.01 水平上呈极显著的相关关系，相关系数为 0.851，表明坡底土壤含水率对柠条细根质量具有极显著影响。

表 3-3　坡底细根质量与含水率的皮尔逊相关分析结果

| 指标 | 含水率 | 细根质量 |
| --- | --- | --- |
| 含水率 | 1 | 0.851** |
| 细根质量 | 0.851** | 1 |

对所有柠条细根质量和土壤含水率进行相关性分析得到表 3-4，由表可见，细根质量与土壤含水率在 0.01 水平上呈极显著的相关关系，相关系数为 0.804，表明土壤含水率对柠条细根质量具有极显著影响。

表 3-4　细根质量与含水率的皮尔逊相关分析结果

| 指标 | 含水率 | 细根质量 |
| --- | --- | --- |
| 含水率 | 1 | 0.804** |
| 细根质量 | 0.804** | 1 |

通过研究发现，不同坡位 0～200cm 土壤剖面细根质量的空间分布规律较相似，且垂直距离的变化对细根质量的影响较大。此外，随坡位下降细根质量平均值逐渐增加，由小到大依次为坡顶（11.59g）＜坡中（12.61g）＜坡底（13.51g）。通过相关性分析发现，柠条细根质量与土壤含水率在 0.01 水平上呈极显著的相关关系，相关

系数由大到小依次为坡顶（0.885）＞坡底（0.851）＞总坡面（0.804）＞坡中（0.678）。

### 3.1.2.4 柠条锦鸡儿细根总根长空间分布特征

根据研究区不同坡位 0～200cm 土壤剖面的柠条细根实测数据，对柠条细根总根长进行研究，结果表明，不同坡位柠条细根总根长存在差异，各坡位 0～200cm 土壤剖面细根总根长的变化范围分别为坡顶 186.66～4515.26mm、坡中 158.21～4832.20mm、坡底 143.28～5242.55mm。可以发现，随着坡位降低细根总根长的最大值和最小值均表现出增加的趋势。利用 Surfer 软件分别制作各坡位柠条细根总根长在三维空间的分布图，如图 3-17～图 3-19 所示。

由图 3-17 可见，坡顶柠条细根总根长随距标准丛的水平距离和垂直距离的增加呈逐渐减小的趋势。水平方向各土层细根总根长平均值的变化范围为 310.59～2717.10mm，垂直方向各土层细根总根长平均值的变化范围为 550.90～2159.31mm。随着土层深度增加，植株正下方细根总根长明显高于其他区域，最大值出现在标准丛正下方 15～30cm 位置，在约 80cm 的位置细根总根长较大，而 50～70cm 处细根总根长较低。

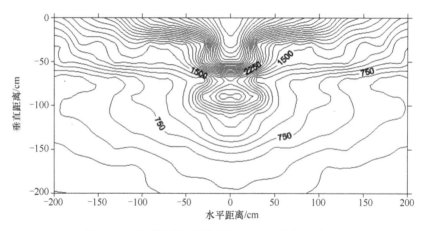

图 3-17 坡顶柠条细根总根长（mm）空间分布图

对坡顶柠条细根总根长和土壤含水率进行相关性分析得到表 3-5，由表可见，坡顶细根总根长与土壤含水率在 0.01 水平上呈极显著的相关关系，相关系数为 0.574，表明坡顶土壤含水率对柠条细根总根长具有极显著影响。

表 3-5 坡顶细根总根长与含水率的皮尔逊相关分析结果

| 指标 | 含水率 | 细根总根长 |
| --- | --- | --- |
| 含水率 | 1 | 0.574[**] |
| 细根总根长 | 0.574[**] | 1 |

由图 3-18 可见，坡中柠条细根总根长分布规律与坡顶相似，随距标准丛的距离增加有规律地逐渐减小，水平方向各土层细根总根长平均值的变化范围为 238.67～2406.74mm，垂直方向各土层细根总根长平均值的变化范围为 587.36～1976.05mm。标准丛下方垂直距离为 15～30cm 土层的细根总根长达到最大，垂直距离为 80cm 的土层细根总根长较大，而 50～70cm 土层细根总根长较其上、下土层明显偏低。

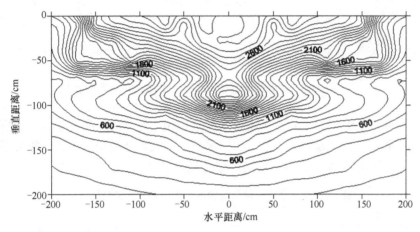

图 3-18　坡中柠条细根总根长（mm）空间分布图

对坡中柠条细根总根长和土壤含水率进行相关性分析得到表 3-6。由表 3-6 可见，坡中细根质量与土壤含水率在 0.01 水平上呈极显著的相关关系，相关系数为 0.725，表明坡中土壤含水率对柠条细根总根长具有极显著影响。

表 3-6　坡中细根总根长与含水率的皮尔逊相关分析结果

| 指标 | 含水率 | 细根总根长 |
| --- | --- | --- |
| 含水率 | 1 | 0.725** |
| 细根总根长 | 0.725** | 1 |

由图 3-19 可见，坡底柠条的细根总根长分布规律与坡顶、坡中的相似，随距标准丛的距离增加细根总根长逐渐减小。水平方向各土层细根质量平均值的变化范围为 143.28～5242.55mm，垂直方向各土层细根总根长平均值的变化范围为 654.84～2308.77mm。细根总根长最大值同样出现在垂直距离为 15～30cm 的土层，垂直距离为 80cm 的土层细根总根长也较大，而 50～70cm 土层细根总根长较小。

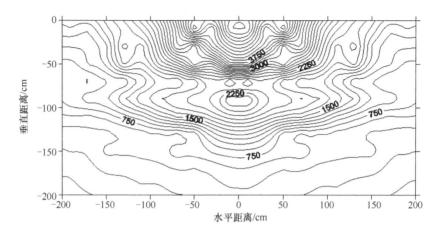

图 3-19　坡底柠条细根总根长（mm）空间分布图

对坡底柠条细根总根长和土壤含水率进行相关性分析得到表 3-7，由表可见，坡底细根总根长与土壤含水率在 0.01 水平上呈极显著的相关关系，相关系数为0.879，表明坡底土壤含水率对柠条细根总根长具有极显著影响。

表 3-7　坡底细根总根长与含水率的皮尔逊相关分析结果

| 指标 | 含水率 | 细根总根长 |
|---|---|---|
| 含水率 | 1 | 0.879** |
| 细根总根长 | 0.879** | 1 |

对所有柠条细根总根长和土壤含水率进行相关性分析得到表 3-8，由表可见，细根总根长与土壤含水率在 0.01 水平上呈极显著的相关关系，相关系数为 0.672，表明土壤含水率对柠条细根总根长具有极显著影响。

表 3-8　细根总根长与含水率的皮尔逊相关分析结果

| 指标 | 含水率 | 细根总根长 |
|---|---|---|
| 含水率 | 1 | 0.672** |
| 细根总根长 | 0.672** | 1 |

通过研究发现，不同坡位 0~200cm 土壤剖面细根总根长的空间分布规律较相似，且垂直距离的变化对细根总根长的影响较大。此外，细根总根长的平均值存在差异，随坡位下降细根总根长平均值逐渐增加，由小到大依次为坡顶（1083.00mm）＜坡中（1156.63mm）＜坡底（1371.63mm）。通过相关性分析发现，柠条细根总根长与土壤含水率在 0.01 水平上呈极显著的相关关系，相关系数由大到小依次为坡底（0.879）＞坡中（0.725）＞总坡面（0.672）＞坡顶（0.574）。

### 3.1.2.5　柠条锦鸡儿细根比根长空间分布特征

根据研究区不同坡位 0～200cm 土壤剖面的柠条细根实测数据,对柠条细根比根长进行研究,结果表明,不同坡位柠条细根比根长存在差异,各坡位 0～200cm 土壤剖面细根比根长的变化范围分别为坡顶 0.24～2.24m/g、坡中 0.25～3.38m/g、坡底 0.25～3.73m/g,可以发现,随着坡位降低细根比根长的最大值和最小值基本呈增加的趋势。利用 Surfer 软件分别制作各坡位柠条细根比根长在三维空间的分布图,如图 3-20～图 3-22 所示。

由图 3-20 可见,坡顶柠条细根比根长随距标准丛的水平距离和垂直距离的增加呈逐渐减小的趋势。水平方向各土层细根比根长平均值的变化范围为 0.77～1.18m/g,垂直方向各土层细根比根长平均值的变化范围为 0.43～1.63m/g。随着土层深度增加,植株正下方细根比根长明显高于其他区域,最大值出现在标准丛正下方 15～30cm 位置,在约 80cm 的位置细根比根长较大,而 50～70cm 处细根比根长较小。

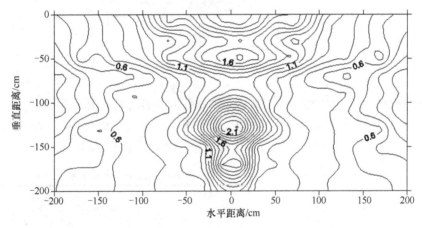

图 3-20　坡顶柠条细根比根长（m/g）空间分布图

对坡顶柠条细根比根长和土壤含水率进行相关性分析发现,坡顶细根比根长与土壤含水率在 0.01 水平上呈极显著的相关关系,相关系数为 0.755,表明坡顶土壤含水率对柠条细根比根长具有极显著影响（表 3-9）。

表 3-9　坡顶细根比根长与含水率的皮尔逊相关分析结果

| 指标 | 水分 | 细根比根长 |
| --- | --- | --- |
| 水分 | 1 | 0.755** |
| 细根比根长 | 0.755** | 1 |

由图 3-21 可见，坡中柠条细根比根长分布规律与坡顶相似，随距标准丛的距离增加有规律地逐渐减小，水平方向各土层细根比根长平均值的变化范围为 0.44～1.18m/g，垂直方向各土层细根比根长平均值的变化范围为 0.37～2.07m/g。标准丛下方垂直距离为 15～30cm 土层的细根比根长达到最大，垂直距离为 80cm 的土层细根比根长较大，而 50～70cm 土层细根比根长较其上、下土层明显偏低。

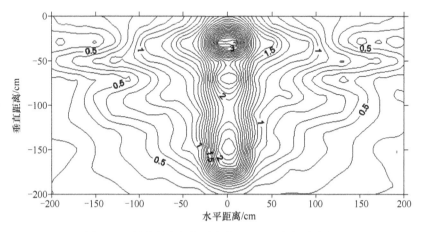

图 3-21　坡中柠条细根比根长（m/g）空间分布图

对坡中柠条细根比根长和土壤含水率进行相关性分析得到表 3-10，由表可见，坡中细根比根长与土壤含水率在 0.01 水平上呈极显著的相关关系，相关系数为 0.570，表明坡中土壤含水率对柠条细根比根长具有极显著影响。

表 3-10　坡中细根比根长与含水率的皮尔逊相关分析结果

| 指标 | 水分 | 细根比根长 |
| --- | --- | --- |
| 水分 | 1 | 0.570** |
| 细根比根长 | 0.570** | 1 |

由图 3-22 可见，坡底柠条的细根比根长分布规律与坡顶、坡中的相似，随距标准丛的距离增加细根比根长逐渐减小。水平方向各土层细根比根长平均值的变化范围为 0.51～1.21m/g，垂直方向各土层细根比根长平均值的变化范围为 0.40～2.28m/g。细根比根长最大值同样出现在垂直距离为 15～30cm 的土层，垂直距离为 80cm 的土层细根比根长也较大，而 50～70cm 土层细根比根长较小。

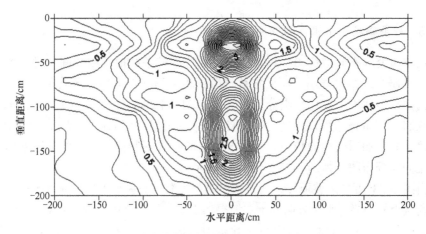

图 3-22　坡底柠条细根比根长（m/g）空间分布图

对坡底柠条细根比根长和土壤含水率进行相关性分析得到表 3-11，由表可见，坡底细根比根长与土壤含水率在 0.01 水平上呈极显著的相关关系，相关系数为 0.728，表明坡底土壤含水率对柠条细根比根长具有极显著影响。

表 3-11　坡底细根比根长与含水率的皮尔逊相关分析结果

| 指标 | 含水率 | 细根比根长 |
| --- | --- | --- |
| 含水率 | 1 | 0.728** |
| 细根比根长 | 0.728** | 1 |

对所有柠条细根比根长和土壤含水率进行相关性分析得到表 3-12，由表可见，细根比根长与土壤含水率在 0.01 水平上呈极显著的相关关系，相关系数为 0.602，表明土壤含水率对柠条细根比根长具有极显著影响。

表 3-12　细根比根长与含水率的皮尔逊相关分析结果

| 指标 | 含水率 | 细根比根长 |
| --- | --- | --- |
| 含水率 | 1 | 0.602** |
| 细根比根长 | 0.602** | 1 |

通过研究发现，不同坡位 0～200cm 土壤剖面细根比根长的空间分布规律较相似，且垂直距离的变化对细根比根长的影响较大。此外，细根比根长的平均值存在差异，由小到大依次为坡中（0.84m/g）＜坡顶（0.88m/g）＜坡底（0.91m/g）。通过相关性分析发现，柠条细根比根长与土壤含水率在 0.01 水平上呈极显著的相关关系，相关系数由大到小依次为坡顶（0.755）＞坡底（0.728）＞总坡面（0.602）＞坡中（0.570）。

### 3.1.2.6 柠条锦鸡儿细根体积空间分布特征

根据研究区不同坡位 0～200cm 土壤剖面的柠条细根实测数据，对柠条细根体积进行研究，结果表明，不同坡位柠条细根体积存在差异，各坡位 0～200cm 土壤剖面细根体积的变化范围分别为坡顶 0.21～4.28cm³、坡中 0.32～6.00cm³、坡底 0.24～6.14cm³。可以发现，随着坡位降低，细根体积的最大值呈增加的趋势，最小值呈先增加后减少的趋势。利用 Surfer 软件分别制作各坡位柠条细根体积在三维空间的分布图，如图 3-23～图 3-25 所示。

由图 3-23 可见，坡顶柠条细根体积随距标准丛的水平距离和垂直距离的增加呈逐渐减小的趋势。水平方向各土层细根体积平均值的变化范围为 0.88～2.56cm³，垂直方向各土层细根体积平均值的变化范围为 0.77～2.84cm³。随着土层深度增加，植株正下方细根体积明显大于于其他区域，最大值出现在标准丛正下方 15～30cm 位置，在约 80cm 的位置细根体积较大，而 50～70cm 处细根体积较小。

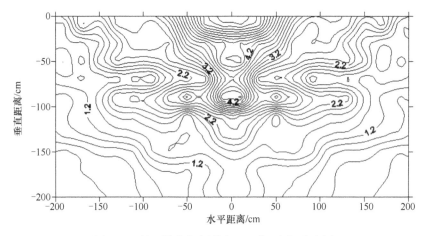

图 3-23  坡顶柠条细根体积（cm³）空间分布图

对坡顶柠条细根体积和土壤含水率进行相关性分析发现，坡顶细根体积与土壤含水率在 0.01 水平上呈极显著的相关关系，相关系数为 0.865，表明坡顶土壤含水率对柠条细根体积具有极显著影响（表 3-13）。

表 3-13  坡顶细根体积与含水率的皮尔逊相关分析结果

| 指标 | 含水率 | 细根体积 |
| --- | --- | --- |
| 含水率 | 1 | 0.865** |
| 细根体积 | 0.865** | 1 |

由图 3-24 可见，坡中柠条细根体积分布规律与坡顶相似，随距标准丛的距离增加有规律地逐渐减小，水平方向各土层细根体积平均值的变化范围为 0.81～3.39cm³，垂直方向各土层细根体积平均值的变化范围为 1.00～3.32cm³。标准丛下方垂直距离为 15～30cm 土层的细根体积达到最大，垂直距离为 80cm 的土层细根体积较大，而 50～70cm 土层细根体积小于其上、下土层。

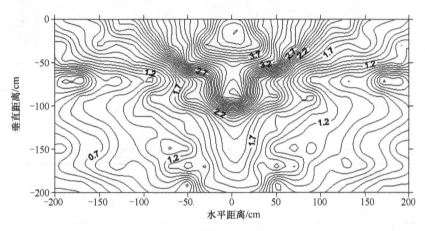

图 3-24　坡中柠条细根体积（cm³）空间分布图

对坡中柠条细根体积和土壤含水率进行相关性分析得到表 3-14，由表可见，坡中细根体积与土壤含水率在 0.01 水平上呈极显著的相关关系，相关系数为 0.740，表明坡中土壤含水率对柠条细根体积具有极显著影响。

表 3-14　坡中细根体积与含水率的皮尔逊相关分析结果

| 指标 | 含水率 | 细根体积 |
| --- | --- | --- |
| 含水率 | 1 | 0.740** |
| 细根体积 | 0.740** | 1 |

由图 3-25 可见，坡底柠条的细根体积分布规律与坡顶、坡中的相似，随距标准丛的距离增加细根体积逐渐减小。水平方向各土层细根体积平均值的变化范围为 1.03～3.83cm³，垂直方向各土层细根质量平均值的变化范围为 1.00～3.68cm³。细根体积最大值同样出现在垂直距离为 15～30cm 的土层，垂直距离为 80cm 的土层细根体积也较大，而 50～70cm 土层细根体积较小。

对坡底柠条细根体积和土壤含水率进行相关性分析得到表 3-15，由表可见，坡底细根体积与土壤含水率在 0.01 水平上呈极显著的相关关系，相关系数为 0.851，表明坡底土壤含水率对柠条细根体积具有极显著影响。

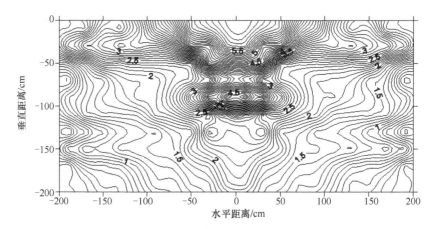

图 3-25　坡底柠条细根体积（cm³）空间分布图

表 3-15　坡底细根体积与含水率的皮尔逊相关分析结果

| 指标 | 含水率 | 细根体积 |
|---|---|---|
| 含水率 | 1 | 0.851** |
| 细根体积 | 0.851** | 1 |

对所有柠条细根体积和土壤含水率进行相关性分析得到表 3-16，由表可见，细根体积与土壤含水率在 0.01 水平上呈极显著的相关关系，相关系数为 0.766，表明土壤含水率对柠条细根体积有极显著影响。

表 3-16　细根体积与含水率的皮尔逊相关分析结果

| 指标 | 含水率 | 细根体积 |
|---|---|---|
| 含水率 | 1 | 0.766** |
| 细根体积 | 0.766** | 1 |

通过研究发现，不同坡位 0～200cm 土壤剖面细根体积的空间分布规律较相似，且垂直距离的变化对细根体积的影响较大。此外，细根体积的平均值存在差异，随坡位下降细根体积平均值逐渐增加，由小到大依次为坡顶（1.56cm³）＜坡中（1.91cm³）＜坡底（2.19cm³）。通过相关性分析发现，柠条细根体积与土壤含水率在 0.01 水平上呈极显著的相关关系，相关系数由大到小依次为坡顶（0.865）＞坡底（0.851）＞总坡面（0.766）＞坡中（0.740）。

### 3.1.2.7　柠条锦鸡儿细根表面积密度空间分布特征

根据研究区不同坡位 0～200cm 土壤剖面的柠条细根实测数据，对柠条细根表面积密度进行研究，结果表明，不同坡位柠条细根表面积密度存在差异，各坡位 0～200cm 土壤剖面细根表面积密度的变化范围分别为坡顶 1.03～16.84cm²/dm³、坡中 1.25～19.21cm²/dm³、坡底 1.32～16.77cm²/dm³。可以发现，随着坡位降低，细根表面积密度的最大值先增加后减少、最小值表现出增加的趋势。利用 Surfer 软件分别制作各坡位柠条细根表面积密度在三维空间的分布图，如图 3-26～图 3-28 所示。

由图 3-26 可见，坡顶柠条细根表面积密度随距标准丛的水平距离和垂直距离的增加呈逐渐减小的趋势。水平方向各土层细根表面积密度平均值的变化范围为 2.90～9.07cm²/dm³，垂直方向各土层细根表面积密度平均值的变化范围为 3.11～9.29cm²/dm³。随着土层深度增加，植株正下方细根表面积密度明显高于其他区域，最大值出现在标准丛正下方 15～30cm 位置，在约 80cm 的位置细根表面积密度较大，而 50～70cm 处细根表面积密度较低。

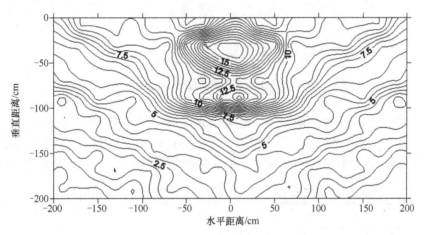

图 3-26　坡顶柠条细根表面积密度（cm²/dm³）空间分布图

对坡顶柠条细根表面积密度和土壤含水率进行相关性分析发现，坡顶细根表面积密度与土壤含水率在 0.01 水平上呈极显著的相关关系，相关系数为 0.899，表明坡顶柠条细根表面积密度对土壤含水率具有极显著影响（表 3-17）。

表 3-17　坡顶细根表面积密度与含水率的皮尔逊相关分析结果

| 指标 | 含水率 | 细根表面积密度 |
| --- | --- | --- |
| 含水率 | 1 | 0.899** |
| 细根表面积密度 | 0.899** | 1 |

由图 3-27 可见，坡中柠条细根表面积密度分布规律与坡顶相似，随距标准丛的距离增加有规律地逐渐减小，水平方向各土层细根表面积密度平均值的变化范围为 2.49～10.1cm²/dm³，垂直方向各土层细根表面积密度平均值的变化范围为

4.22～10.22cm²/dm³。标准丛下方垂直距离为 15～30cm 土层的细根表面积密度达到最高，垂直距离为 80cm 的土层细根表面积密度较高，而 50～70cm 土层细根表面积密度较其上、下土层明显偏低。

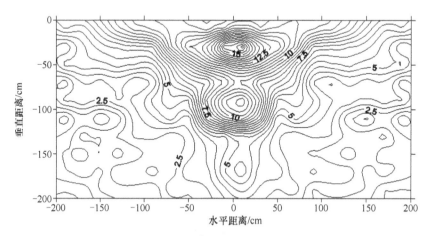

图 3-27　坡中柠条细根表面积密度（cm²/dm³）空间分布图

对坡中柠条细根表面积密度和土壤含水率进行相关性分析得到表 3-18，由表可见，坡中细根表面积密度与土壤含水率在 0.01 水平上呈极显著的相关关系，相关系数为 0.790，表明坡中柠条细根表面积密度对土壤含水率具有极显著影响。

表 3-18　坡中细根表面积密度与含水率的皮尔逊相关分析结果

| 指标 | 含水率 | 细根表面积密度 |
|---|---|---|
| 含水率 | 1 | 0.790** |
| 细根表面积密度 | 0.790** | 1 |

由图 3-28 可见，坡底柠条的细根表面积密度分布规律与坡顶、坡中的相似，随距标准丛的距离增加细根表面积密度逐渐减小。水平方向各土层细根表面积密度平均值的变化范围为 3.08～11.10cm²/dm³，垂直方向各土层细根表面积密度平均值的变化范围为 3.97～10.67cm²/dm³。细根表面积密度最大值同样出现在垂直距离为 15～30cm 的土层，垂直距离为 80cm 的土层细根表面积密度也较高，而 50～70cm 土层细根表面积密度较低。

对坡底柠条细根表面积密度和土壤含水率进行相关性分析得到表 3-19，由表可见，坡底细根表面积密度与土壤含水率在 0.01 水平上呈极显著的相关关系，相关系数为 0.907，表明坡底柠条细根表面积密度对土壤含水率具有极显著影响。

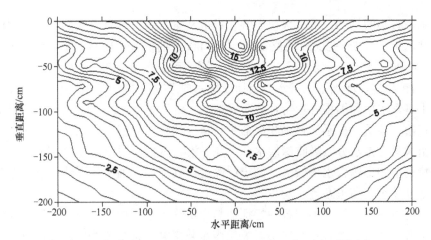

图 3-28　坡底柠条细根表面积密度（cm²/dm³）空间分布图

表 3-19　坡底细根表面积密度与含水率的皮尔逊相关分析结果

| 指标 | 含水率 | 细根表面积密度 |
| --- | --- | --- |
| 含水率 | 1 | 0.907** |
| 细根表面积密度 | 0.907** | 1 |

对所有柠条细根表面积密度和土壤含水率进行相关性分析得到表 3-20，由表可见，细根表面积密度与土壤含水率在 0.01 水平上呈极显著的相关关系，相关系数为 0.823，表明柠条细根表面积密度对土壤含水率具有极显著影响。

表 3-20　细根表面积密度与含水率的皮尔逊相关分析结果

| 指标 | 含水率 | 细根表面积密度 |
| --- | --- | --- |
| 含水率 | 1 | 0.823** |
| 细根表面积密度 | 0.823** | 1 |

通过研究发现，不同坡位 0～200cm 土壤剖面细根表面积密度的空间分布规律较相似，但是细根表面积密度的平均值存在差异，随坡位下降细根表面积密度的平均值逐渐增加，由小到大依次为坡顶（5.35cm²/dm³）＜坡中（6.61cm²/dm³）＜坡底（7.09cm²/dm³）。通过相关性分析发现，柠条细根表面积密度与土壤含水率在 0.01 水平上呈极显著的相关关系，相关系数由大到小依次为坡底（0.907）＞坡顶（0.899）＞总坡面（0.823）＞坡中（0.790）。

### 3.1.3　小结

研究区各坡位土壤剖面中土壤含水率与细根各项特征值随距标准丛的距离增

加基本呈减小的趋势，其最大值始终在标准丛正下方；垂直方向的最大值均出现在标准丛正下方 15～30cm 的位置，但在约 80cm 的位置出现另一个峰值，而 50～70cm 处则出现低谷，这主要是由于该研究区距地表 50～70cm 处均有厚度约为 20cm 的钙积层，增加了土壤水分流通及根系向下发育的难度，因此 50～70cm 土层的土壤含水率和细根各项特征值明显偏低（高玉寒等，2017）。钙积层下层土壤相对疏松、通透，根系通过钙积层后生长速度加快，土层中根系分布量变大，可以截留大量上方水分、吸收深层水分且几乎没有蒸腾作用，因此 80cm 土层细根各项特征值和土壤含水率较大。随土层深度继续增加，细根各项特征值和土壤含水率逐渐减小（高玉寒等，2017）。

通过对各坡位柠条细根各项特征值与土壤含水率作相关性分析，发现柠条细根各项特征值与土壤含水率在不同坡位均显著相关，且相关性总体表现为坡顶＞坡底＞坡中，这可能是由于坡顶含水率偏低，水分是根系生长的限制性因子；坡底水分相对充足，是根系生长的决定性因子；而坡中水分居中，对根系生长的影响较其他两个坡位较弱。此外，通过对比发现柠条细根各项特征值与土壤含水率的相关性也不尽相同，表现为细根表面积密度（0.823）＞细根质量（0.804）＞细根体积（0.766）＞细根总根长（0.672）＞细根比根长（0.602），说明细根表面积密度与土壤含水率的相关性最强，细根比根长与土壤含水率的相关性最差。

各标准地柠条细根各项特征值和土壤含水率在土壤剖面的分布规律基本一致，且细根各项特征值在任意土层中沿垂直方向和水平方向的波动情况与土壤含水率的波动情况相似（高玉寒等，2017），这说明柠条细根作为根系与土壤之间进行营养物质交换的界面，其分布特征与剖面土壤含水率密切相关。

## 3.2 柠条锦鸡儿细根表面积密度与土壤含水率的关系

### 3.2.1 柠条锦鸡儿细根表面积密度与土壤含水率空间关系模型

#### 3.2.1.1 根表面积密度与土壤含水率空间关系模型的构建

通过对柠条细根与土壤水分分布特征的研究发现，柠条细根表面积密度与土壤含水率的相关性最强，呈极显著相关关系，这与刺槐的分布规律（任海彦等，2009）一致。因此，对柠条细根表面积密度与土壤含水率之间的关系作进一步研究。为使研究结果具有普遍适用性，以各标准地为划分单位进行研究。以柠条为研究对象，共调查了 24 丛柠条根系，这 24 丛柠条在标准地 1、标准地 2、标准地 3 各分布 8 丛。分别对各标准地垂直和水平方向不同深度土层内的柠条细根表面积密度和土壤含水率进行相关性分析，结果如表 3-21 所示。

**表 3-21　柠条细根表面积密度与土壤含水率在水平距离和垂直距离上的相关性**

| 方向 | 标准地 | 土层深度 | | |
|---|---|---|---|---|
| | | 0～100cm | 100～200cm | 0～200cm |
| 水平方向 | 1 | 0.74** | 0.70** | 0.71** |
| | 2 | 0.80** | 0.68** | 0.72** |
| | 3 | 0.84** | 0.85** | 0.88** |
| 垂直方向 | 1 | 0.79** | 0.69** | 0.71** |
| | 2 | 0.88** | 0.73** | 0.72** |
| | 3 | 0.88** | 0.88** | 0.88** |

由表 3-21 可见，土层垂直和水平方向上各标准地柠条细根表面积密度与土壤含水率均呈极显著相关（$P<0.01$），相关系数均大于 0.70。

研究细根表面积密度与土壤含水率的关系时，同时考虑土层垂直和水平距离的变化，对不同标准地分别进行研究。首先对标准地 1、标准地 2 和标准地 3 这 3 组数据进行方差分析，方差分析的结果如表 3-22 所示。

**表 3-22　标准地 1、标准地 2 和标准地 3 调查数据的方差分析结果**

| 项目 | | 平方和 | 自由度 | 均方 | $F$ 值 | 显著性 |
|---|---|---|---|---|---|---|
| 细根表面积密度 | 组间 | 2.828 | 1 | 2.828 | 0.326 | 0.571 |
| 土壤含水率 | 组间 | 0.000 | 1 | 0.000 | 0.196 | 0.660 |
| 水平距离 | 组间 | 0.000 | 1 | 0.000 | 0.000 | 1.000 |
| 垂直距离 | 组间 | 0.000 | 1 | 0.000 | 0.000 | 1.000 |

由表 3-22 可知，标准地 1、标准地 2 和标准地 3 的调查数据差异不显著，因此根据标准地 1 和标准地 2 的调查数据建立细根表面积密度与土壤含水率的关系模型，如下。

$$S = 11840W^2 - 547.33W + 9.89 \quad (R^2 = 0.7045) \quad （3-1）$$

由 Surfer 图像可以看出，柠条细根表面积密度和土壤含水率与土壤垂直和水平距离有很强的相关性，不考虑水平和垂直距离是不恰当的，因此对模型（3-1）进行修正。将标准地土壤剖面水平距离设为 $t$，垂直距离设为 $h$，将 $t$ 和 $h$ 代入模型（3-1）中进行校正，则

$$S = 18.8e^{-0.005\sqrt{t^2+1.25h^2}}(65.8W^{1.5} - 10.7W + 1) \quad (R^2 = 0.8005) \quad （3-2）$$

模型中，$S$ 为细根表面积密度，$cm^2/dm^3$；$W$ 为土壤含水率，%；$t$ 为土壤剖面水平距离，m；$h$ 为土壤剖面垂直距离，m。修正模型的 $R^2$ 大于 0.80，且高于修正前模型 $R^2$（0.7405），说明考虑空间分布的修正模型比修正前模型更能准确地模拟细根表面积密度。

### 3.2.1.2 细根表面积密度与土壤含水率空间关系模型的验证

依据关系模型（3-2）中柠条细根表面积密度 $S$ 和土壤含水率 $W$、土壤剖面水平距离 $t$、土壤剖面垂直距离 $h$ 的拟合系数，用标准地 3 的实测数据对模型进行验证，得到 $S$ 的实测值和模型值的回归方程，如图 3-29 所示，并且得到回归方程斜率为 0.8114、$R^2$=0.8386，模型值与实测值的相关性非常强，达到极显著水平，说明模型（3-2）可以很好地描述内蒙古农牧交错带黄花甸子小流域柠条细根表面积密度与土壤含水率之间的关系。

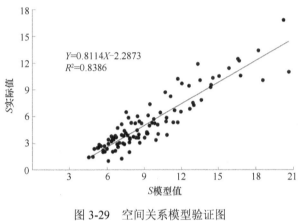

图 3-29　空间关系模型验证图

## 3.2.2　柠条锦鸡儿细根表面积密度与土壤水分亏缺特征

### 3.2.2.1 细根表面积密度与土壤水分增长速率的关系

由前面的研究可知，各坡位柠条细根表面积密度与土壤水分均极显著相关，3.1 中研究发现柠条细根表面积密度 $S$ 和土壤含水率 $W$ 在水平方向和垂直方向均有很强的相关性。因此，分别计算水平距离 $t$ 一定时，各土层中 $S$ 和 $W$ 随 $h$ 的变化速率；垂直距离 $h$ 一定时，各土层中 $S$ 和 $W$ 随 $t$ 的变化速率。假设水平距离为 $t$，垂直距离 $h$ 增加 20cm 时，$S$ 的相对变化率为 $\alpha_{th}$，$W$ 的相对变化率为 $\alpha'_{th}$，$\alpha_{th}$ 随 $\alpha'_{th}$ 的相对变化率为 $k_{th}$，则 $k_{th}$ 的动力学意义：当 $\alpha'_{th}$ 增加 1 个单位时，$\alpha_{th}$ 增加 $k_{th}$ 个单位。在异速增长模型中，若 $k_{th}>0$，则水平距离为 $t$，垂直距离 $h$ 增加 20cm 时，$S$ 比 $W$ 增长速率快，结合到本研究中，即柠条根系垂直生长 20cm 时土壤水分补充速率大于柠条细根生长速率；若 $k_{th}$=0，则 $S$ 与 $W$ 增长速率相同，即柠条根系垂直生长 20cm 时土壤水分补充速率恰好等于其生长速率；若 $k_{th}<0$，则 $S$ 比 $W$ 增长速率慢，即柠条根系垂直生长 20cm 时土壤水分的补充速率赶不上其生长速率。同理，假设垂直距离为 $h$，水平距离 $t$ 增加 20cm 时 $S$ 的相对变化率为 $\beta_{ht}$，

$W$ 的相对变化率为 $\beta'_{ht}$，$\beta_{ht}$ 随 $\beta'_{ht}$ 的相对变化率为 $i_{ht}$。若 $i_{ht}>0$，则垂直距离为 $h$，柠条根系水平距离 $t$ 增加 20cm 时，土壤水分补充速率大于其生长速率；若 $i_{ht}=0$，则垂直距离为 $h$，柠条根系水平距离 $t$ 增加 20cm 时，土壤水分补充速率恰好等于其生长速率；若 $i_{ht}<0$，则垂直距离为 $h$，柠条根系水平距离 $t$ 增加 20cm 时，土壤水分的补充速率赶不上其生长速率。

坡位因子对土壤水分、养分及温度的再分配具有至关重要的作用（张志山等，2006），尤其小尺度的坡位因子会显著影响土壤微环境，对不同坡位土壤理化性质、地上植被的生长，以及地下碳输入等均有影响（牛西午等，2003）。因此，分别对不同坡位植株各土层的实测数据进行 $k_{th}$ 值和 $i_{ht}$ 值的计算，发现 99.07% 以上的 $k_{th}$ 值和 $i_{ht}$ 值分布在区间 [−2, 2] 上。由于分布区间重叠且土层数较多，为更直观地体现不同土层中 $k_{th}$ 值和 $i_{ht}$ 值的分布情况且不改变 $k_{th}$ 值和 $i_{ht}$ 值在原区间的趋势线的形状，对 $k_{th}$ 值和 $i_{ht}$ 值分别作以下处理，使 $K_{th}=10[k_{th}+2(t-20)]$，$I_{ht}=10[i_{ht}+2(h-20)]$。分别计算标准地各坡位的 $K_{th}$ 值和 $I_{ht}$ 值，并作图。

由图 3-30 可见，水平距离一定，垂直距离增加时坡顶出现较多 $K_{th}<0$ 的区域，坡顶 $K_{th}$ 值的平均值为 0.58，且水分不足的区域主要集中在 40～100cm 土层。

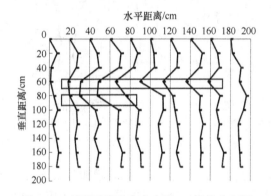

图 3-30　坡顶垂直方向各土层 $K_{th}$ 值的分布图

图中趋势线从左到右依次为 $K_{1h}$～$K_{10h}$，趋势线上的点从上到下依次为 $K_{t0}$～$K_{t9}$；
$K_{t0}$ 所在虚线为土层 $t$ 的根–水平衡线，即 $k_{th}<0$ 时在其左侧，$k_{th}=0$ 时在线上，$k_{th}>0$ 时在其右侧

由图 3-31 可见，水平距离一定，垂直距离增加时坡中也出现较多 $K_{th}<0$ 的区域，但是相比坡顶较少，坡中 $K_{th}$ 值的平均值为 0.69，说明坡中水分状况比坡顶好，坡中水分不足的区域主要集中在 40～80cm 土层，比坡顶范围小。

由图 3-32 可见，水平距离一定，垂直距离增加时坡底几乎没有出现 $K_{th}<0$ 的区域，坡底 $K_{th}$ 值的平均值为 1.22，说明坡底水分状况最好。

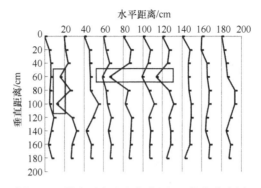

图 3-31　坡中垂直方向各土层 $K_{th}$ 值的分布图

图中趋势线从左到右依次为 $K_{1h} \sim K_{10h}$，趋势线上的点从上到下依次为 $K_{t0} \sim K_{t9}$；
$K_{t0}$ 所在虚线为土层 $t$ 的根–水平衡线，即 $k_{th} < 0$ 时在其左侧，$k_{th} = 0$ 时在线上，$k_{th} > 0$ 时在其右侧

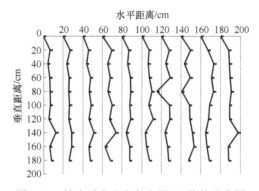

图 3-32　坡底垂直方向各土层 $K_{th}$ 值的分布图

图中趋势线从左到右依次为 $K_{1h} \sim K_{10h}$，趋势线上的点从上到下依次为 $K_{t0} \sim K_{t9}$；
$K_{t0}$ 所在虚线为土层 $t$ 的根–水平衡线，即 $k_{th} < 0$ 时在其左侧，$k_{th} = 0$ 时在线上，$k_{th} > 0$ 时在其右侧

由图 3-33 可见，垂直距离一定，水平距离增加时坡顶出现较多 $I_{ht} < 0$ 的区域，坡顶 $I_{ht}$ 值的平均值为 0.28，且水分不足的区域主要集中在 40~80cm 土层。

由图 3-34 可见，水平距离一定，垂直距离增加时坡中出现 $I_{ht} < 0$ 的区域面积较小，坡中 $I_{ht}$ 值的平均值为 0.62，说明坡中水分状况比坡顶好。

由图 3-35 可见，水平距离一定，垂直距离增加时坡底没有出现 $I_{ht} < 0$ 的区域，坡底 $I_{ht}$ 值的平均值为 0.72，说明坡底水分状况良好。

图 3-30~图 3-35 为不同坡位垂直方向和水平方向上柠条根系生长速率与水分补充速率的关系图。可以发现，坡位对水平方向和垂直方向的 $K_{th}$ 值和 $I_{ht}$ 值均有显著影响。分析发现，$K_{th}$ 值和 $I_{ht}$ 值均表现为坡底>坡中>坡顶，且 $K_{th}$ 的平均值为 0.83，$I_{ht}$ 的平均值为 0.54，说明垂直距离变化对水分的影响较大。不同坡位 $K_{th}$ 值和 $I_{ht}$ 值情况出现显著差异的原因：一方面是柠条根系强大的延伸能力和吸水能力；另一方面是由于坡位间存在高差，水分受重力作用向下运动，坡顶水分不断

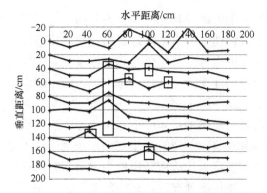

**图 3-33　坡顶水平方向各土层 $I_{ht}$ 值的分布图**

图中趋势线从上到下依次为 $I_{1t} \sim I_{10t}$，趋势线上的点从左到右依次为 $I_{h0} \sim I_{h9}$；
$I_{h0}$ 所在虚线为土层 $h$ 的根–水平衡线，即 $i_{ht} < 0$ 时在其上方，$i_{ht} = 0$ 时在线上，$i_{ht} > 0$ 时在其下方

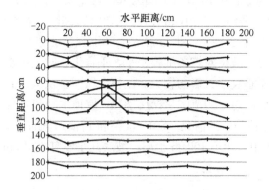

**图 3-34　坡中水平方向各土层 $I_{ht}$ 值的分布图**

图中趋势线从上到下依次为 $I_{1t} \sim I_{10t}$，趋势线上的点从左到右依次为 $I_{h0} \sim I_{h9}$；
$I_{h0}$ 所在虚线为土层 $h$ 的根–水平衡线，即 $i_{ht} < 0$ 时在其上方，$i_{ht} = 0$ 时在线上，$i_{ht} > 0$ 时在其下方

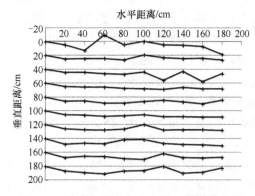

**图 3-35　坡底水平方向各土层 $I_{ht}$ 值的分布图**

图中趋势线从上到下依次为 $I_{1t} \sim I_{10t}$，趋势线上的点从左到右依次为 $I_{h0} \sim I_{h9}$；
$I_{h0}$ 所在虚线为土层 $h$ 的根–水平衡线，即 $i_{ht} < 0$ 时在其上方，$i_{ht} = 0$ 时在线上，$i_{ht} > 0$ 时在其下方

向坡底流失，坡中得到上方水分补充但是也不断向下方入渗，且不同坡位土壤水分受风速、温度、土壤特性等因素影响造成植被覆盖度不同，土壤水分蒸散量和储存量不同，使不同坡位水分亏缺层分布和厚度呈现规律性变化。柠条根系向各个方向延伸生长以一定的速率吸收消耗土壤水分，而土壤水分又以一定的速率补充损失的水分，由图3-30～图3-35可见，坡顶和坡中 $K_{th}$ 值和 $I_{ht}$ 值为负的面积虽然不同且多不连续但是主要集中在40～100cm土层，出现这样的分布格局主要是因为柠条细根约95%集中在0～180cm土层中，虽然浅层土壤可以通过降水得到补充，但浅层细根分布密度大、截留降雨能力强、水分消耗量大，以及强烈的土壤蒸腾作用导致下层土壤得不到有效补给（高玉寒等，2017），再加上随坡位降低土壤储水能力变差且直接或间接利用地下水的难度大，因此坡顶和坡中这个区间出现不同程度 $K_{th}$ 值和 $I_{ht}$ 值为负的情况。坡顶和坡底垂直距离为20cm和40cm时无规律地出现一些 $K_{th}$ 值和 $I_{ht}$ 值为负的区域，这主要是因为表层土壤（>40cm）主要受降水作用和蒸腾作用影响，8月时该地区得到降水补充较少而蒸腾作用强烈，又得不到深层地下水补充，土壤含水率产生强烈的波动。

由以上分析可见，坡位对柠条细根水平、垂直生长时土壤水分的供给均有显著影响，且对柠条根系垂直生长影响较大。在整个坡面上从坡顶到坡底柠条细根生长时出现的 $K_{th}$ 值和 $I_{ht}$ 值为负的范围呈梯度递减，坡顶水平和垂直方向均有约15%的土层出现 $K_{th}$ 值和 $I_{ht}$ 值为负的情况；坡中 $K_{th}$ 值和 $I_{ht}$ 值为负的范围介于坡底和坡顶之间，约为5%，且集中在40～100cm土层；坡底几乎没有 $K_{th}$ 值和 $I_{ht}$ 值为负的情况。

### 3.2.2.2 柠条林地土壤干层研究

在3.2.2.1细根表面积密度与土壤水分增长速率关系研究中发现，不同坡位 $K_{th}$ 值和 $I_{ht}$ 值为负的面积存在显著差异。但是，由于 $K_{th}$ 值和 $I_{ht}$ 值仅代表细根生长速率与水分补充速率之间的关系，根系生长过程中要不断吸收土壤中的水分，长期作用下会对植被生长区整体含水率造成一定的影响。通过对研究区不同土层土壤含水率进行测量，发现研究区柠条林地土壤含水率相对较低，为进一步验证研究区土壤水分情况，对研究区柠条林地土壤干层进行调查。在研究区2m×2m的试验地进行灌水，充分渗透并连续监测5d，得到研究区各土层田间最大持水率和田间稳定持水率（高玉寒等，2017），如表3-23所示。

由表3-23可见，田间最大持水率为15.26%～19.71%，田间稳定持水率为8.20%～11.47%（约为田间最大持水率的60%）。干层的出现造成树干弯曲、树冠分枝少和生长缓慢等现象，同时干层因其巨大水分亏缺，阻隔降水垂直入渗补给地下水，改变了陆地水分循环路径，增强了土壤–植物–大气间的垂直水分交换，这种交互的影响使局部小气候环境更趋于旱化（单长卷等，2007），因此对研究区土壤干层进行探索具有重要意义。

表 3-23　不同土层的田间最大持水率和田间稳定持水率　（单位：%干土重）

| 土层深度/cm | 田间最大持水率/% | 田间稳定持水率/% |
|---|---|---|
| 0～20 | 15.26 | 8.20 |
| 20～40 | 16.46 | 9.03 |
| 40～60 | 19.17 | 10.79 |
| 60～80 | 19.71 | 11.47 |
| 80～100 | 17.06 | 9.47 |
| 100～120 | 16.94 | 9.88 |
| 120～140 | 17.26 | 10.37 |
| 140～160 | 19.67 | 11.45 |
| 160～180 | 17.64 | 9.99 |
| 180～200 | 16.71 | 8.61 |

图 3-36 为坡顶、坡中和坡底各土层含水率在垂直方向上的分布图。由图 3-36 可知，各坡位土壤含水率表现为坡底＞坡中＞坡顶，随深度增加各土层含水率变化不大。各坡位 0～200cm 土层含水率为 2.25%～6.01%，平均含水率为 3.69%，田间稳定含水率为 9.83%，各标准地自然含水率约占田间稳定含水率的 62%，土壤水分极度亏缺，植被常处于缺水状态而生长受阻，表现为植物叶片少且叶面积小，部分枝叶已开始枯萎甚至死亡（高玉寒等，2017）。

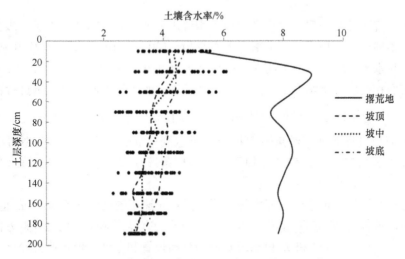

图 3-36　各标准地柠条地下土层剖面土壤干层示意图

由图 3-36 可见，0～40cm 土层含水率较高且 10cm 左右土层最高，这个现象与张晨成等（2012）的研究结果一样，这是因为表层土壤（＜40cm）主要受降水作用和蒸腾作用影响，8 月时表层土壤得到降水补充，含水率比其他土层略高，而表层蒸腾作用强烈，所以 10cm 左右土层含水率最高（单长卷，2004）。70cm 土层土壤含水率最低，接近该地区凋萎湿度，这主要是因为 70cm 左右有钙积层，上层水分很难渗透而深层水分又无法补充（高玉寒等，2017）。80～180cm 土层含水率持续降低，这与成向荣等（2008）的研究结果一致，出现这样的分布格局主要是因为柠条细根约 95%集中在 0～180cm 土层中，虽然浅层土壤可以通过降水得到补充，但浅层细根分布密度大、截留降雨能力强、水分消耗量大，以及强烈的土壤蒸腾作用导致下层土壤得不到有效补充（高玉寒等，2017），再加上该地区水位较低直接或间接利用地下水的难度大，所以 80～180cm 含水率持续降低。在 180cm 以下土壤含水率有小幅度回升，这个结果也与成向荣等（2008）的研究结果相似，这可能是因为 180cm 以下柠条根系大幅度减少缓解了水分吸收。撂荒地表层含水率最低，其次为 70cm 左右时含水率最低，这主要是因为表层受蒸腾作用最强烈，而 70cm 处有钙积层，其他土层土壤含水率呈波动状浮动，郭忠升（2009）的研究中对这个现象作了进一步解释，即在降雨之后撂荒地土壤含水量得到短暂补充，但是由于撂荒地植被稀疏地表径流量大且水分入渗量少，再加上受到高温和大风的共同作用使得撂荒地蒸发作用剧烈，以上种种导致了撂荒地土壤含水率随土层变化呈现波浪式下滑（高玉寒等，2017）。

### 3.2.3 小结

对研究区柠条细根表面积密度和土壤含水率的空间分布特征作进一步分析，发现柠条细根表面积密度与土壤含水率在 0～100cm、100～200cm 及 0～200cm 的垂直和水平土层中均显著相关，在 0.01 水平上相关系数均大于 0.70。建立柠条细根表面积密度与土壤含水率的关系模型并加入水平距离和垂直距离进行校正，得到模型：$S = 18.8\mathrm{e}^{-0.005\sqrt{t^2 + 1.25h^2}}(65.8W^{1.5} - 10.7W + 1)$，$R^2 = 0.8005$。

对模型进行验证，结果表明拟合效果达到极显著水平，说明模型可以很好地描述内蒙古农牧交错带黄花甸子小流域柠条细根表面积密度与土壤水分之间的关系。

通过对比柠条根系生长速率与土壤水分补充速率的比值（$K_{th}$值和 $I_{ht}$值），可以发现，坡位对 $K_{th}$值和 $I_{ht}$值出现负值的情况均有显著影响，且对垂直方向的影响较大。各坡位 $K_{th}$值和 $I_{ht}$值出现负值的分布位置和厚度呈现规律性变化，从坡顶到坡底柠条细根生长时 $K_{th}$值和 $I_{ht}$值出现负值的范围呈梯度递减，坡顶水平和垂直方向均有约 15%的土层出现负值，坡中出现负值的范围介于坡底和坡顶，约为 5%，且坡顶和坡中 $K_{th}$值和 $I_{ht}$值出现负值的区域集中在 40～100cm 土层，坡顶和坡底垂直距离为 20cm 和 40cm 的土层 $K_{th}$值和 $I_{ht}$值无规律地出现一些负值，坡底 $K_{th}$值和 $I_{ht}$值几乎没有出现负值的区域。

通过对研究区不同土层土壤含水率进行调查，发现研究区柠条地土壤含水率相对较低，各坡位 0～200cm 土层含水率为 2.25%～6.01%，平均含水率为 3.69%，田间稳定含水率为 9.83%，各标准地自然含水率约占田间稳定含水率的 62%，土壤水分极度亏缺，通过对比柠条林地和撂荒地的含水率数据，发现柠条林地含水率低于撂荒地含水率约 41%，因此说柠条林是导致柠条林地出现土壤干层的主要原因。在整个研究区形成了至少 200cm 的土壤干层，70cm 的钙积层处土壤干化最为严重，几乎达到凋萎湿度，80cm 土层土壤含水率略高于钙积层但是土壤干化现象随土层深度增加逐渐加剧，在 180cm 以下土壤含水率略有升高（高玉寒等，2017）。

## 3.3 柠条锦鸡儿细根根长密度与土壤水肥垂直分布特征的关系

### 3.3.1 柠条锦鸡儿细根根长密度的垂直空间分布特征

由图 3-37 可知，在 200cm×200cm 的空间范围内，随着土壤深度增加柠条细根根长密度整体呈递减趋势，在 0～20cm 土层达到最大，约为 0.27cm/cm³，占柠条细根总根长密度的 26%；在 180～200cm 土层达到最小，细根根长密度约为 0.03cm/cm³，仅占柠条细根总根长密度的 3%。拟合柠条细根根长密度与土层深度的关系呈现幂函数关系：

$$y=244.3e^{-9.5785x}$$

式中，$y$ 为细根根长密度；$x$ 为土层深度；相关系数 $R^2=0.9488$。

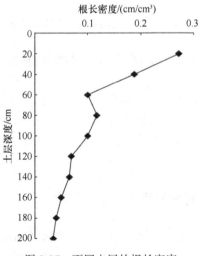

图 3-37 不同土层的根长密度

### 3.3.2 基于根系分布的柠条锦鸡儿土壤水分的垂直分布

由图 3-38 可知，随着土层深度的增加，土壤含水率整体呈递增趋势。整个 200cm 土壤剖面的土壤含水率在 2.8%～5.0%。0～20cm 土层易受光照影响，含水率应低于其他土层，然而却高于 20～40cm 土层，这主要是受到树冠遮荫的影响，使得光照影响减少。在 0～80cm 土层，土壤含水率下降较快，该区是细根密集层，细根根长密度占整个土层的 54%，因此根系在该层吸水活动较为强烈，土壤含水率较低，在 80cm 处达到最低值，为 2.82%。在 80～200cm 土层内，细根分布较少，土壤含水率整体上随着土层的增加而变大。

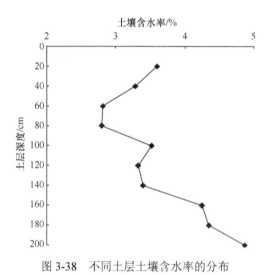

图 3-38 不同土层土壤含水率的分布

### 3.3.3 基于根系分布的柠条锦鸡儿土壤养分的垂直分布

从图 3-39 可以看出，土壤中有机质、全氮、速效磷含量变化规律一致，在表层（0～20cm）的值较大，随着土层的增加基本呈递减趋势，变化幅度较大。速效钾在 0～40cm 土层变化幅度较大，随着土层的增加，其变化幅度很小，不是影响该地柠条根系生长的限制性因子。

### 3.3.4 土壤水分、养分对细根根长密度的影响

由表 3-24 可以看出，根长密度与土壤含水率呈负相关，但相关性不明显。与土壤养分相关性显著，其中，与土壤中有机质含量在 0.01 水平上显著相关，相关

系数为 0.795；与土壤中全氮在 0.01 水平上显著相关，相关系数为 0.780；与土壤中速效磷在 0.01 水平上显著相关；而与速效钾在 0.05 水平上显著相关。

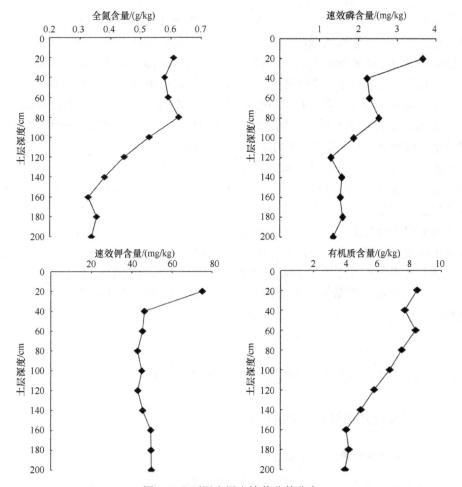

图 3-39　不同土层土壤养分的分布

**表 3-24　细根根长密度与土壤水分、养分的相关关系**

| 指标 | 根长密度 | 含水率 | 有机质 | 全氮 | 速效钾 | 速效磷 |
|---|---|---|---|---|---|---|
| 根长密度 | 1 | | | | | |
| 含水率 | −0.446 | 1 | | | | |
| 有机质 | 0.795** | −0.798** | 1 | | | |
| 全氮 | 0.780** | −0.777** | 0.980** | 1 | | |
| 速效钾 | 0.664* | 0.218 | 0.238 | 0.190 | 1 | |
| 速效磷 | 0.912** | −0.415 | 0.792** | 0.790** | 0.715* | 1 |

*表示在 0.05 水平（双侧）上显著相关；**表示在 0.01 水平（双侧）上显著相关

### 3.3.5 小结

植物的粗根占总根系的比例较大，主要起支撑作用，细根比例虽小，但分布范围更为广泛，可塑性更强，对植物的生长发育起决定性作用。柠条细根根长密度能够很好地反映植物的生长发育状况。刘晓丽（2013）在研究枣树根系垂直分布时，发现枣树细根干重密度随着土层增加而递减，拟合结果为幂函数；张劲松和孟平（2004）研究发现，石榴树吸水根根长密度与深度的增加呈负指数函数关系，Bakker 和 Köpke（2008）指出欧洲山毛榉根系密度在不同林龄条件下均随土层的增加而减少，与该研究中柠条根系垂直分布规律一致。

细根作为根系中主要吸收水分和养分的部位，土壤水分和肥力对其分布起着重要影响。该研究区柠条细根主要集中于 0～80cm 土层，随着土层增加，土壤含水率增加，柠条细根根长密度减少，但与土壤含水率的相关性并不明显，但这不能认为细根生长与水分没有密切关系，可能是由细根生长与水分因子的季节变化趋势不同步造成的，事实上，水分因子是影响柠条细根生长的关键因子之一。土壤肥力与柠条细根生长有明显的相关性，土壤中细根的发展规律与土壤中速效磷、全氮、有机质含量的分布规律一致，而与速效钾含量没有较大关系，可见该地区柠条细根的生长主要受速效磷、全氮、有机质含量的影响，而受速效钾的影响较低。

## 3.4 柠条锦鸡儿细根根长和游离氨基酸含量对坡位的响应

### 3.4.1 柠条锦鸡儿细根根长对坡位的响应

#### 3.4.1.1 坡上柠条锦鸡儿的根系分布

由图 3-40 可知，柠条锦鸡儿根系在垂直方向上主要分布在 0～120cm 土层，而在 120cm 土层以下的细根则相对较少；水平分布的柠条锦鸡儿细根主要分布在 0～100cm 土层内，在 100～200cm 土层内的根系分布相对较少。这说明坡上的柠条锦鸡儿根系的分布主要集中在 100cm 土层内，且根系总长度表现为随土层深度的增加而呈现减少的趋势。

#### 3.4.1.2 坡中柠条锦鸡儿的根系分布

由图 3-41 可知，位于坡中的柠条锦鸡儿根系在垂直方向上主要分布在 0～100cm 土层内，而 100～200cm 土层的根系表现出随土壤深度的增加而呈现减少的趋势；水平分布的柠条锦鸡儿细根主要分布在 0～120cm 土层内，在 120cm 以下的根系则相对较少。坡中的柠条锦鸡儿根系总长度随土层深度的增加而减少，对比坡上部的根系分布，坡中部位于垂直深度 200cm 左右处的根系基本上很少。

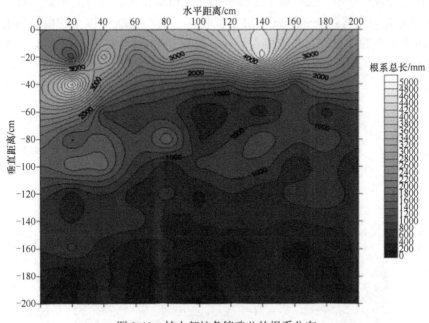

图 3-40　坡上部柠条锦鸡儿的根系分布

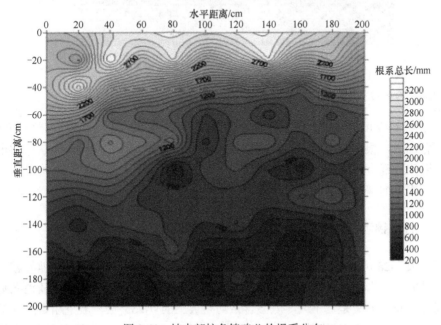

图 3-41　坡中部柠条锦鸡儿的根系分布

#### 3.4.1.3 坡下柠条锦鸡儿的根系分布

由图 3-42 可知，位于坡下的柠条锦鸡儿根系在垂直方向上主要分布在 0～80cm 土层内，尤其以 0～20cm 土层分布最多，而位于 80cm 以下的根系均相对较少；水平分布的柠条锦鸡儿细根主要分布在 0～140cm 土层内，在 140cm 以下的细根相对较少。根系总长度随土层深度增加而减少。

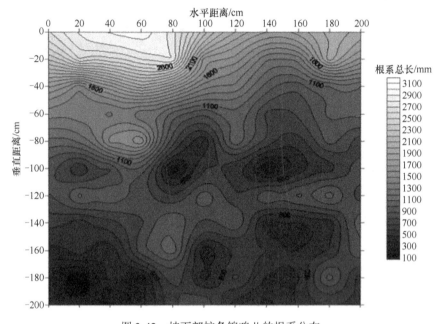

图 3-42 坡下部柠条锦鸡儿的根系分布

#### 3.4.1.4 不同坡位柠条锦鸡儿根系分布对比

由图 3-43 可知，根系总体分布表现为，坡下的根系生长发育较好。0～100cm 土层范围内，根分布最广，长度最长。坡中、坡下 100～200cm 土层内的根系均随着土层深度的增加逐渐减少。坡中、坡下的柠条锦鸡儿根系长度均呈现出随着土层深度的增加而减少的趋势。

### 3.4.2 柠条锦鸡儿游离氨基酸含量对坡位的响应

由表 3-25 可知，不同坡位的柠条锦鸡儿根系不同游离氨基酸含量差异较为明显，苏氨酸、缬氨酸、甲硫氨酸、异亮氨酸含量随坡位降低而减少，其他氨基酸含量则相反。尤其是坡下天冬氨酸含量约是坡上的 1.255 倍，坡下精氨酸含量约是坡上的 1.432 倍，坡下赖氨酸含量约是坡上的 1.381 倍，坡下苯丙氨酸含量约是坡上的 1.80 倍，而坡下氨基酸总和约是坡上的 1.11 倍。由此也可以得出，游离氨基酸含量总和同根系长度一致，随坡位的降低呈递减的趋势。

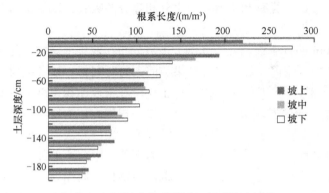

图 3-43　不同坡位柠条锦鸡儿根系分布对比

表 3-25　不同坡位的柠条锦鸡儿根系游离氨基酸含量（单位：mg/100g 干重）

| 氨基酸种类 | 坡上 | 坡中 | 坡下 |
|---|---|---|---|
| 天冬氨酸 | 12.983 | 13.669 | 16.295 |
| 苏氨酸 | 8.463 | 7.488 | 6.452 |
| 丝氨酸 | 179.721 | 181.126 | 192.870 |
| 谷氨酸 | 81.779 | 87.208 | 92.254 |
| 甘氨酸 | 4.483 | 4.646 | 4.808 |
| 丙氨酸 | 17.758 | 19.511 | 21.683 |
| 胱氨酸 | 16.676 | 17.221 | 19.365 |
| 缬氨酸 | 10.147 | 9.244 | 8.451 |
| 甲硫氨酸 | 7.126 | 3.361 | 3.487 |
| 异亮氨酸 | 3.412 | 3.248 | 4.142 |
| 亮氨酸 | 6.386 | 6.438 | 7.489 |
| 酪氨酸 | 12.346 | 12.418 | 13.489 |
| 苯丙氨酸 | 3.684 | 5.155 | 6.625 |
| 赖氨酸 | 1.471 | 1.752 | 2.032 |
| 组氨酸 | 8.926 | 9.430 | 9.934 |
| 精氨酸 | 66.178 | 75.465 | 94.751 |
| 脯氨酸 | 369.346 | 375.082 | 394.817 |
| 氨基酸总和 | 810.885 | 832.457 | 898.944 |

## 3.4.3　小结

不同坡位＜10mm，位于土层垂直深度 200cm 处的柠条锦鸡儿根系含量，表现出的趋势为坡上＞坡中＞坡下，原因可能是坡上土壤质量指标相对较差，土壤相对贫瘠，柠条锦鸡儿为了吸收更多的养分资源以能满足自身生长的需要，只能向深层土壤扎根，这样有利于自身对水分和养分的吸收，以促进自身能够更好地生长。

小于 10mm 的柠条锦鸡儿根系绝大多数分布在浅层土壤中，随土层深度的加深，细根含量急剧下降，这一研究结果与前人的研究相一致（牛西午等，2003）。成向荣等（2008）研究发现 0～100cm 土层中细根表面积密度约占整个土壤剖面的 95%，而笔者研究发现 0～100cm 土层中细根表面积密度约为整个土壤剖面的 80%，这可能由不同立地条件所致。莫保儒等（2013）认为，坡位是影响柠条根系生长的重要立地因子，其有利影响顺序为下部＞中部＞上部，与本书研究结果一致。坡上土壤相对贫瘠，养分流失严重，植物只能向深处扎根，这样才有利于植物吸收水分和养分，促进柠条锦鸡儿的生长，坡中土壤相对坡上的土壤要肥沃，养分流失适中，植物不需要过度向深处扎根即可吸收水分和养分，促进柠条锦鸡儿的生长，而坡下土壤肥沃，条件相对较好，根系不需要过多向下扎根就可以进行植物光合作用并且吸收水分和养分，促进柠条锦鸡儿根系的生长。此外，高等植物的游离氨基酸不会在体内过多的积累，而且不同种类的氨基酸在植株生长中的作用也不同（李龙等，2015），天门冬氨酸是合成数种必需氨基酸的原料，是赖氨酸、苏氨酸、异亮氨酸、甲硫氨酸等氨基酸及嘌呤、嘧啶碱基的合成前体，因此，天门冬氨酸含量的增多说明生物体代谢旺盛。在柠条根、枝和叶的所有游离氨基酸中，天门冬氨酸的含量均较高，且同一时期，满足了赖氨酸等必需氨基酸的合成，这对柠条维持其生存生态位具有重要的意义，也是地上枝条作为补偿饲料和燃料的重要基础（张盈玉和马荣才，2009）。

# 第 4 章 平茬措施对柠条锦鸡儿生长特征的影响

## 4.1 平茬措施对柠条锦鸡儿地上生长的影响

根据表 4-1 可见,3 种不同高度的平茬处理相对于未平茬的柠条锦鸡儿地上生长指标均表现出较高的更新能力,说明平茬促进了柠条锦鸡儿灌丛的生长发育。不同留茬高度处理的柠条锦鸡儿的株高与冠幅均低于对照植株,留茬高度 0cm、10cm 与 20cm 的株高分别占未平茬株高的 43%($P<0.05$)、53%($P<0.05$)和 49%($P<0.05$);冠幅占未平茬冠幅的 39%($P<0.05$)、49%($P<0.05$)和 43%($P<0.05$)。平茬处理柠条锦鸡儿的当年生枝条长度高于对照植株,当年生枝条基径均有增加,0cm 处理、10cm 处理和 20cm 处理的当年生枝条长度比未平茬的柠条增加了 15%($P<0.05$)、24%($P<0.05$)和 10%($P<0.05$);当年生枝条基径增加了 42%($P<0.05$)、57%($P<0.05$)和 46%($P<0.05$)。其中留茬高度为 10cm 的柠条锦鸡儿地上形态指标表现均高于平茬高度为 0cm、20cm 的柠条锦鸡儿,复壮效果最为明显。

**表 4-1 不同留茬高度柠条锦鸡儿地上形态指标**

| 处理 | CK | 0cm | 10cm | 20cm |
|---|---|---|---|---|
| 株高/m | 2.34±0.201a | 1.01±0.121b | 1.23±0.151b | 1.15±0.112b |
| 冠幅/m | 4.69±0.43a | 1.83±0.64b | 2.32±0.87b | 2.01±0.51a |
| 当年生枝条长/cm | 82.35±3.21b | 95.01±4.71b | 102.33±3.52a | 90.43±3.28b |
| 当年生枝条基径/mm | 3.91±0.51b | 5.56±0.36b | 6.12±0.21a | 5.71±0.13b |

注:数据为平均值±标准误差;表中同行不同字母表示不同留茬高度与未平茬之间的差异显著($P<0.05$)。后同

## 4.2 平茬措施对柠条锦鸡儿地上、地下生物量的影响

不同留茬高度的柠条锦鸡儿地上部分生物量见表 4-2,平茬后的柠条叶生物量与当年生枝生物量与未平茬的柠条相比,均显著增加,其中增加量最多的是留茬高度为 10cm 的柠条,与对照相比增加了 41.5%($P<0.05$)与 56.7%($P<0.05$);留茬高度为 0cm 的增加量为 37.4%($P<0.05$)和 37.7%($P<0.05$);留茬高度为 20cm 的增加量为 33.7%($P<0.05$)和 54.1%($P<0.05$)。平茬去除了柠条的地上部分,减弱顶端优势对植株的抑制生长,生长能力逐渐增强,其中留茬高度为 10cm 的柠条当年生长量与对照相比,增加了 54.9%($P<0.05$)。

表 4-2　不同留茬高度柠条锦鸡儿地上部分生物量　　　（单位：g）

| 处理 | CK | 0cm | 10cm | 20cm |
|---|---|---|---|---|
| 叶生物量 | 29.60±2.21b | 40.67±2.321a | 41.89±2.75a | 39.58±2.33a |
| 当年生枝生物量 | 211.36±20.13b | 291.0±19.14a | 331.30±12.17a | 325.7±14.11a |
| 当年生长量 | 240.96±18.21b | 331.69±1.71a | 373.19±1.52a | 365.33±1.28a |

此外，不同留茬高度柠条的地下生物量与对照相比也有显著增加，不同平茬处理的柠条锦鸡儿地下细根生物量由大到小的顺序为 10cm 处理＞0cm 处理＞20cm 处理＞未平茬。留茬高度为 10cm 的柠条细根生物量与对照相比增加了 31%（$P < 0.05$），如表 4-3 所示。

表 4-3　不同留茬高度柠条锦鸡儿地下生物量　　　（单位：g）

| 处理 | CK | 0cm | 10cm | 20cm |
|---|---|---|---|---|
| 地下生物量 | 312.5±35.25b | 373.22±41.32a | 409.06±42.80a | 340.28±50.21a |

## 4.3　平茬措施对柠条锦鸡儿生物量分配的影响

不同留茬高度平茬处理对柠条地上、地下生物量影响有显著变化，不同留茬高度与对照的柠条生物量分配的总体格局为细根＞叶＞当年生枝。各生物量在总生物量中所占的比例与对照相比均明显增加。平茬处理有利于柠条更新复壮，并在短时间内使生物量大幅度提升。由图 4-1 和表 4-4 所示，0cm 处理、10cm 处理和 20cm 处理与对照相比，叶生物量分别增加了 26%、80%、37%；当年生枝生物量分别增加了 31%、71%、47%；细根生物量分别增加了 18%、29%、14%。0cm处理、10cm 处理和 20cm 处理的细根生物量在总生物量种所占比例，与对照相比，虽然都有所增加但并无显著差异（$P > 0.05$）。

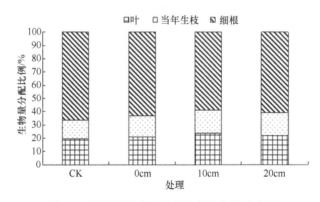

图 4-1　不同留茬高度柠条各部分生物量分配

表 4-4    不同留茬高度柠条锦鸡儿生物量分配比例    （单位：%）

| 处理 | CK | 0cm | 10cm | 20cm |
|---|---|---|---|---|
| 叶生物量分配比例 | 10.20±1.41b | 12.85±1.42a | 18.32±1.34a | 14.02±1.37a |
| 当年生枝生物量比例 | 7.85±1.12b | 10.32±1.03a | 13.44±0.29a | 11.51±1.17a |
| 细根生物量分配比例 | 34.70±3.12a | 40.85±2.94a | 44.76±5.21a | 39.49±3.02a |

如图 4-2 所示，不同留茬高度处理的柠条锦鸡儿茎叶比分别是 0cm 处理，3.22；10cm 处理，2.71；20cm 处理，2.94；未平茬柠条的茎叶比为 5.3。0cm 处理、10cm 处理和 20cm 处理柠条茎叶比分别是对照的 61%（$P<0.05$）、51%（$P<0.05$）、55%（$P<0.05$）。不同留茬高度柠条的茎叶比显著减小，这是由于植株经过平茬处理后，叶面积增大，增加光合生产，同时提高了柠条质量。

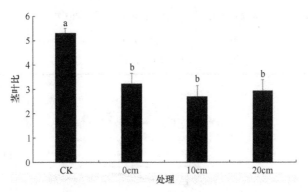

图 4-2    不同留茬高度柠条茎叶比
图中 a 和 b 表示处理间差异显著（$P<0.05$），后同

如图 4-3 所示，未平茬处理柠条的根冠比为 0.45，留茬高度 0cm 柠条的根冠比为 0.87，留茬高度 10cm 的为 0.82，留茬高度 20cm 的为 0.8。不同留茬高度平茬处理对柠条的地上部分影响不同，对柠条的根冠比也产生影响，$T$-检验结果表明，不同留茬高度的柠条与对照相比，差异均显著（$P<0.05$）。

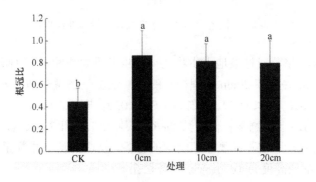

图 4-3    不同留茬高度柠条根冠比

## 4.4 平茬措施对柠条锦鸡儿补偿生长的影响

根据表 4-5 与图 4-4 显示，0cm 处理、10cm 处理和 20cm 处理的柠条与对照相比，补偿株高均显著增加了 43.2%（$P<0.05$）、57.7%（$P<0.05$）、49.1%（$P<0.05$）。0cm 处理、10cm 处理和 20cm 处理的株高补偿指数分别为 1.43、1.58、1.49，均显著大于 1（$P<0.05$）。

表 4-5　不同留茬高度柠条锦鸡儿补偿量和补偿指数

| 处理 | CK | 0cm | 10cm | 20cm |
|---|---|---|---|---|
| 补偿株高/m | 2.34±0.16b | 3.35±0.22a | 3.69±0.17a | 3.49±0.27a |
| 补偿地上生物量/g | 340.85±25.82b | 374.44±40.81a | 407.78±32.77a | 387.25±45.77a |
| 株高补偿指数 | 1b | 1.43±0.5a | 1.58±0.41a | 1.49±0.46a |
| 地上生物量补偿指数 | 1b | 1.10±0.23a | 1.20±0.32a | 1.14±0.26a |

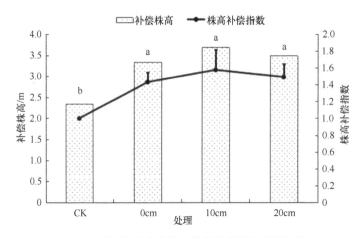

图 4-4　不同留茬高度柠条株高补偿量与补偿指数

根据图 4-5，平茬对柠条地上生物量也产生了重要影响，与对照（340g）相比，0cm 处理、10cm 处理和 20cm 处理柠条的补偿地上生物量分别显著增加了 19.1%（$P<0.05$）、20.0%（$P<0.05$）、14.1%（$P<0.05$）。同样，0cm 处理、10cm 处理和 20cm 处理的地上生物量补偿指数 $G_B/G$ 分别为 1.1、1.3、1.14，均显著大于 1（$P<0.05$）。表明不同留茬高度平茬处理的柠条，株高与地上生物量均表现为超补偿模式，其中留茬高度为 10cm 柠条的补偿指数最高。

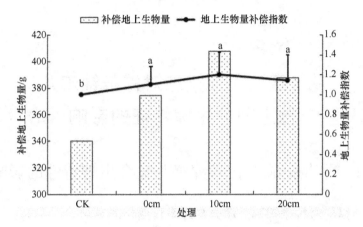

图 4-5　不同留茬高度柠条补偿地上生物量与地上生物量补偿指数

# 第5章 平茬措施对柠条锦鸡儿
# 地上部分生理特征的影响

## 5.1 平茬措施对柠条锦鸡儿光合生理特性的影响

### 5.1.1 平茬措施对柠条锦鸡儿净光合速率日变化的影响

光合作用作为鉴定植物生命力旺盛的主要因素之一，能够反映植物当时的新陈代谢获得与生长状况。由图 5-1 得出，平茬与未平茬处理柠条的净光合速率（$P_n$）日变化均呈现"双峰"趋势，且 3 种处理的净光合速率全天均高于未平茬柠条。从早晨 7:00 时开始 $P_n$ 明显增加，第一次光合峰值出现时间均在 9:00 左右，3 种留茬高度柠条的光合峰值分别为 11.81μmol $CO_2$/($m^2 \cdot s$)、13.83μmol $CO_2$/($m^2 \cdot s$)、12.85μmol $CO_2$/($m^2 \cdot s$)，均显著高于对照（$P < 0.05$）；在光合有效辐射上升的同时，气温升高，空气湿度降低，$P_n$ 呈现下降趋势，此时为"热休眠"现象，在 15:00 左右均出现第二次光合峰值，3 种留茬高度柠条与对照柠条第二次峰值基本相同，为 8.91~11.22μmol $CO_2$/($m^2 \cdot s$)，并无显著差异（$P > 0.05$）。

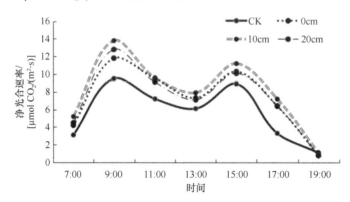

图 5-1 不同留茬高度柠条净光合速率日动态

由表 5-1 可知，3 种不同留茬高度的净光合速率日均值大小顺序为 10cm 平茬 [8.00μmol $CO_2$/($m^2 \cdot s$)] > 20cm 平茬 [7.25μmol $CO_2$/($m^2 \cdot s$)] > 0cm 平茬 [7.19μmol $CO_2$/($m^2 \cdot s$)] > 未平茬[5.60μmol $CO_2$/($m^2 \cdot s$)]，其中 10cm 处理净光合速率

日均值最高,是对照株的 1.43 倍。0cm 处理、10cm 处理和 20cm 处理柠条的净光合速率日变化均高于对照且差异显著（$P<0.05$）。

**表 5-1 不同留茬高度柠条锦鸡儿生理参数日均值**

| 处理 | CK | 0cm | 10cm | 20cm |
|---|---|---|---|---|
| 净光合速率（$P_n$）/[μmol $CO_2$/(m²·s)] | 5.60±0.45b | 7.19±0.36a | 8.00±0.55a | 7.25±0.42a |
| 蒸腾速率（$T_r$）/[μmol $CO_2$/(m²·s)] | 2.71±0.77b | 3.11±0.65a | 3.90±0.71a | 3.26±0.83a |
| 气孔导度（$G_s$）/[μmol $CO_2$/(m²·s)] | 0.16±0.06b | 0.17±0.08a | 0.18±0.06a | 0.21±0.04a |
| 气孔限制值（$L_s$） | 0.53±0.11a | 0.42±0.09a | 0.47±0.12a | 0.45±0.10a |
| 水分利用效率（WUE）/(μmol $CO_2$/mmol $H_2O$) | 2.48±1.21c | 3.09±1.71b | 3.69±1.52a | 3.33±1.28ab |

注:数据为平均值±标准误差;表中同行不同字母表示不同留茬高度与未平茬之间的差异显著（$P<0.05$）。后同

### 5.1.2 平茬措施对柠条锦鸡儿气孔限制值日变化的影响

如图 5-2 所示,3 种不同留茬高度平茬处理与未平茬柠条的气孔限制值日变化均呈现"双峰"趋势。3 种不同处理与对照柠条第一次峰值均在 13:00 左右,第二次峰值均在 17:00 左右。3 种不同处理柠条的气孔限制值（$L_s$）全天都显著低于对照植株（$P<0.05$）。

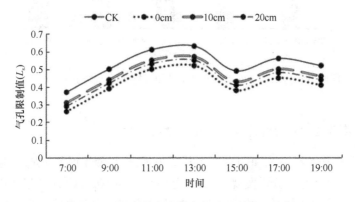

图 5-2 不同留茬高度柠条气孔限制值日动态

由表 5-1 可见,0cm 处理、10cm 处理和 20cm 处理柠条的气孔限制值日均值在 0.42~0.47,均低于对照植株,与对照株无显著差异（$P>0.05$）。

### 5.1.3 平茬措施对柠条锦鸡儿叶绿素荧光动力学参数的影响

#### 5.1.3.1 平茬措施对日间叶片最小荧光产量的影响

如图 5-3 所示,通过对同时段内未平茬模式和四种平茬模式柠条叶片最小荧

光产量（$F_o$）均值进行分析发现，10cm 全面平茬和 10cm 隔行平茬这两种平茬模式的最小荧光产量均值最高，其均值分别为 0.43、0.39。说明这两种平茬模式对反应中心影响最大，并且对反应中心都产生了一定伤害。20cm 全面平茬和 20cm 隔行平茬相同时段内柠条叶片最小荧光产量均值居中，其值分别为 0.31 和 0.35。未平茬模式相同时段内柠条叶片最小荧光产量均值最小，为 0.22。10cm 全面平茬和 10cm 隔行平茬及 20cm 全面平茬和 20cm 隔行平茬模式最小荧光产量分别较未平茬模式升高 95.45%、77.27%、40.91%、59.09%。未平茬模式和四种平茬模式柠条叶片最小荧光产量均值从高到低分别为 10cm 全面平茬＞10cm 隔行平茬＞20cm 隔行平茬＞20cm 全面平茬＞未平茬模式。

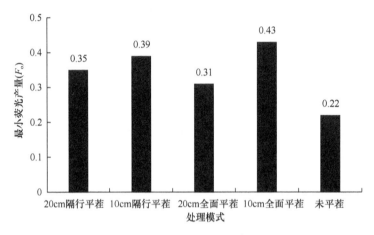

图 5-3 日间同时段内未平茬模式和四种平茬模式柠条叶片最小荧光产量均值分布图

### 5.1.3.2 平茬措施对日间叶片最大荧光产量的影响

同时段内未平茬模式和四种平茬模式叶片最大荧光产量（$F_m$）均值分布如图 5-4 所示。通过对比分析发现，10cm 全面平茬和 10cm 隔行平茬这两种平茬模式最大荧光产量均值最高，其值分别为 1.58 和 0.84。说明这两种平茬模式对反应中心影响最大，即平茬激发了反应中心抵抗伤害的能力。20cm 全面平茬和 20cm 隔行平茬相同时段内柠条叶片最大荧光产量均值次之，其值分别为 0.80 和 0.69。未平茬模式相同时段内柠条叶片最大荧光产量均值最小，为 0.68。10cm 全面平茬和 10cm 隔行平茬及 20cm 全面平茬和 20cm 隔行平茬模式最大荧光产量分别较未平茬模式升高 0.90、0.16、0.12 和 0.01。同时段内未平茬模式和四种平茬模式叶片最大荧光产量均值从高到低分别为 10cm 全面平茬＞10cm 隔行平茬＞20cm 全面平茬＞20cm 隔行平茬＞未平茬模式。

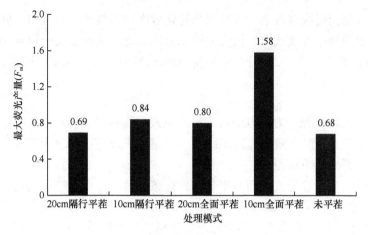

图 5-4　日间同时段内未平茬模式和四种平茬模式柠条叶片最大荧光产量均值分布图

### 5.1.3.3　平茬措施对日间叶片最大光转化效率的影响

经过平茬处理后各平茬模式的柠条抵抗外界伤害恢复自身的能力存在差异，因此，分别对同时段内未平茬模式和四种平茬模式柠条叶片最大光转化效率（PSII）的均值进行分析图 5-5，10cm 全面平茬和 10cm 隔行平茬这两种模式的最大光转化效率均值较高，其值分别为 0.66 和 0.53。说明这两种平茬模式对反应中心产生正向影响，即平茬处理对植株造成了伤害但是也激发了反应中心抵抗伤害的能力，在受破坏的逆境条件下反而激发了更强的恢复能力。20cm 全面平茬和 20cm 隔行平茬这两种模式的最大光转化效率均值次之，其值分别为 0.47 和 0.39。

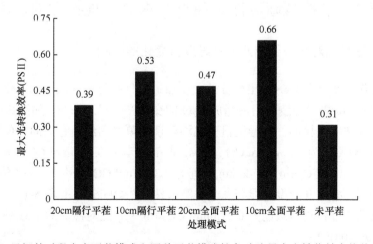

图 5-5　日间某时段内未平茬模式和四种平茬模式柠条叶片最大光转化效率均值分布图

未平茬模式相同时段内柠条叶片最大光转化效率均值最小，为 0.31。同时段内未平茬模式和四种平茬模式叶片最大光转化效率的均值从高到低分别为 10cm 全面平茬＞10cm 隔行平茬＞20cm 全面平茬＞20cm 隔行平茬＞未平茬模式。

### 5.1.3.4 小结

采用叶绿素荧光动力学方法对未平茬模式和四种平茬模式柠条叶绿素荧光动力学参数 [最小荧光产量（$F_o$）、最大荧光产量（$F_m$）和最大光化学效率（PSII）] 进行分析，得出以下结论。

同时段内未平茬模式和四种平茬模式柠条叶片最小荧光产量均值从高到低分别为 10cm 全面平茬＞10cm 隔行平茬＞20cm 隔行平茬＞20cm 全面平茬＞未平茬模式，且上述四种平茬模式最小荧光产量分别较未平茬模式升高 95.45%、77.27%、40.91%、59.09%。

同时段内未平茬模式和四种平茬模式叶片最大荧光产量均值从高到低分别为 10cm 全面平茬＞10cm 隔行平茬＞20cm 全面平茬＞20cm 隔行平茬＞未平茬模式，且上述四种平茬模式最大荧光产量分别较未平茬模式升高 0.90、0.16、0.12 和 0.01。

同时段内未平茬模式和四种平茬模式叶片最大光转化效率的均值从高到低的变化规律与 $F_o$ 及 $F_m$ 相似。

综上所述，从叶绿素荧光动力学角度看，依据最小荧光产量分析，10cm 全面平茬和 10cm 隔行平茬模式表现出了植株遭受破坏的特征，依据最大荧光产量分析，10cm 全面平茬和 10cm 隔行平茬模式表现出抑制破坏的特点，为提高实际柠条生产提供参考方案及理论依据。

## 5.2 平茬措施对柠条锦鸡儿水分生理特性的影响

### 5.2.1 平茬措施对柠条锦鸡儿气孔导度日变化的影响

气孔作为水气与 $CO_2$ 进出植株的主要通道，气孔导度（$G_s$）的变化对光合作用必需的 $CO_2$，以及蒸腾作用所释放 $H_2O$ 的交换产生显著影响。如图 5-6 所示，3 种不同处理和对照株的气孔导度日变化均表现为单峰曲线，它们的峰值均出现在 9:00 左右，对照株为 0.30mmol $CO_2$/($m^2$·s)、0cm 处理为 0.36mmol $CO_2$/($m^2$·s)、10cm 处理为 0.35mmol $CO_2$/($m^2$·s)、20cm 处理为 0.30mmol $CO_2$/($m^2$·s)，3 种不同留茬高度平茬处理柠条气孔导度均显著高于对照植株（$P<0.05$）。由表 5-1 可见，20cm 处理的气孔导度日均值最高为 0.21mmol $CO_2$/($m^2$·s)，是对照株的 1.31 倍，两者差异显著（$P<0.05$）。

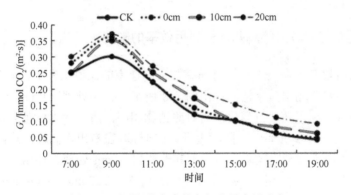

图 5-6 不同留茬高度柠条气孔导度日动态

## 5.2.2 平茬措施对柠条锦鸡儿蒸腾速率日变化的影响

蒸腾速率（$T_r$）作为评价植被新陈代谢和水分状况的首要指标，能够清晰表示植物蒸腾作用的强度。经图 5-7 比较发现，0cm 处理、10cm 处理和 20cm 处理柠条的蒸腾速率日变化相同，均为单峰线，而柠条萌蘖株在自然状态下并无明显的"午休"现象，第 2 次峰值均较小并且曲线走势平缓，而对照植株的蒸腾速率日变化为双峰曲线。平茬处理的最大值均产生在 11:00 左右，未平茬处理的柠条蒸腾速率最大值为 3.9μmol $CO_2$/(m²·s)，0cm 处理的 $T_r$ 最大值为 4.2μmol $CO_2$/(m²·s)，10cm 处理的 $T_r$ 最大值为 5.5μmol $CO_2$/(m²·s)，20cm 处理的 $T_r$ 最大值为 4.5μmol $CO_2$/(m²·s)，均高于未平茬柠条，随后都逐渐降低，对照植株的 $T_r$ 值缓慢上升后下降至最低，而 3 种不同处理柠条的 $T_r$ 值则一直降低。由表 5-1 可见，0cm 处理植株的蒸腾速率日均值为 3.11μmol $CO_2$/(m²·s)，10cm 处理的为 3.90μmol $CO_2$/(m²·s)，20cm 处理的为 3.26μmol $CO_2$/(m²·s)，分别是对照植株的 1.15 倍、1.44 倍和 1.20 倍，均差异显著（$P<0.05$）。

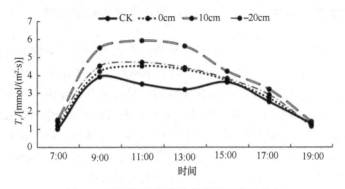

图 5-7 不同留茬高度柠条蒸腾速率日动态

### 5.2.3 平茬措施对柠条锦鸡儿水分利用效率的影响

水分利用效率（WUE）由光合速率与蒸腾速率的比值来表示，可表示植物在不同状态下的水分利用效率情况。由图 5-8 所示，0cm 处理、10cm 处理和 20cm 处理柠条的水分利用效率日变化均与对照植物相同，清晨 WUE 值较高，并逐渐降低，13:00 左右达到最低值，随后上升，在 15:00 左右出现高峰，并且 0cm 处理和 20cm 处理的水分利用效率明显高于其他植株。0cm 处理、10cm 处理和 20cm 处理柠条的水分利用效率日均值分别为 2.22μmol $CO_2$/mmol $H_2O$，2.20μmol $CO_2$/mmol $H_2O$ 和 2.17μmol $CO_2$/mmol $H_2O$ 均高于对照植株 1.89μmol $CO_2$/mmol $H_2O$，差异显著（$P < 0.05$）。上述分析表明，0cm 处理、10cm 处理和 20cm 处理的柠条水分利用效率较高，光合作用较强，则生命力更加旺盛，促进柠条的复壮更新。

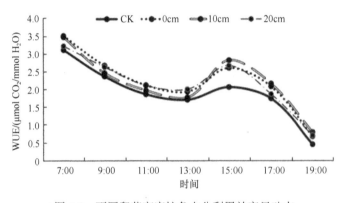

图 5-8 不同留茬高度柠条水分利用效率日动态

### 5.2.4 平茬措施对柠条锦鸡儿叶片相对含水量日变化的影响

叶片相对含水量（RWC）作为判定植物是否在受到干旱胁迫时能保持正常生长的指标，植株的叶片相对含水量高，则表示植株体内水分充足。由图 5-9 可知，平茬处理柠条与对照株的叶片相对含水量均在早晨达到最高值，并随气温上升所伴随的蒸腾作用的增强而逐渐降低，在 14:00 左右气温最高时降到当天的最低值；随后又随气温降低，蒸腾作用减小，空气相对湿度也增加，叶片相对含水量逐渐增加，直至日落叶片相对含水量恢复到一定程度。0cm 处理、10cm 处理和 20cm 处理柠条的叶片相对含水量在一天中均高于未平茬植株。

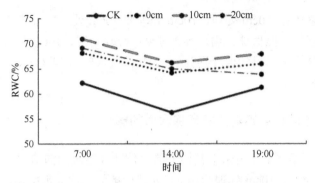

图 5-9　不同留茬高度柠条叶片相对含水量日动态

由表 5-2 可知，0cm 处理、10cm 处理和 20cm 处理柠条的叶片相对含水量日均值为 66.03%、68.30%、65.93%，分别是对照植株的 1.10 倍、1.14 倍和 1.10 倍，均差异显著（$P<0.05$）。

表 5-2　不同留茬高度柠条锦鸡儿叶片水分生理参数日均值

| 处理 | CK | 0cm | 10cm | 20cm |
|---|---|---|---|---|
| 叶片相对含水量(RWC)/% | 59.83±1.21b | 66.03±1.55a | 68.30±0.98a | 65.93±1.03a |
| 叶片水分饱和亏(WSD)/% | 39.68±1.21a | 35.94±0.85b | 32.46±0.88b | 34.35±1.06b |

### 5.2.5　平茬措施对柠条锦鸡儿叶片水分饱和亏日变化的影响

图 5-10 所示为叶片水分饱和亏日变化。平茬处理和对照株的叶片水分饱和亏均在早晨达到最小值，随气温上升和大气相对湿度的下降逐渐增加；在 14:00 左右气温最高，空气相对湿度也最低，叶片水分饱和亏增加到当天的峰值；接着随气温的降低并伴随空气相对湿度的递减，叶片水分饱和亏逐渐降低；直至日落，平茬处理柠条与对照植株叶片水分饱和亏都复原到一定水平，恰与叶片相对含水

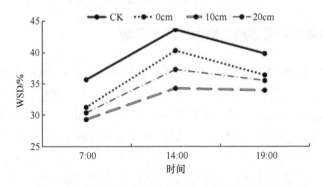

图 5-10　不同留茬高度柠条叶片水分饱和亏日变化

量变化相反。总体看，0cm 处理、10cm 处理和 20cm 处理柠条的叶片水分饱和亏在当天均明显低于对照植株。由表 5-2 可见，0cm 处理、10cm 处理和 20cm 处理柠条的叶片水分饱和亏日均值分别为 35.94%、32.46%和 34.35%，均低于对照株，且差异显著（$P<0.05$）。

### 5.2.6 平茬措施对柠条锦鸡儿叶片保水力的影响

如图 5-11 所示，平茬与未平茬柠条的离体叶片随时间的增加，失水率也随之增加，且 0cm 处理、10cm 处理和 20cm 处理柠条的叶片失水率均高于对照植株。0cm 处理植株的叶片于离体后 2h、4h、8h、16h、24h 的失水率分别为 18.86%、27.26%、48.13%、70.46%、79.62%；10cm 处理植株的叶片于离体后 2h、4h、8h、16h、24h 的失水率分别为 20.23%、30.18%、50.96%、72.95%、81.64%；20cm 处理植株的叶片于离体后 2h、4h、8h、16h、24h 的失水率分别为 22.77%、33.85%、54.65%、77.88%、86.21%；而对照植株的叶片失水率分别为 16.1%、25.12%、44.11%、65.78%、75.62%。不同留茬高度处理柠条叶片保水力由大到小的顺序为 20cm 平茬＞10cm 平茬＞0cm 平茬＞CK。

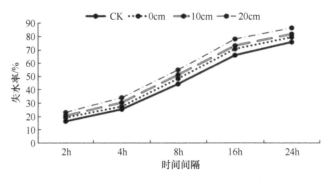

图 5-11 不同留茬高度柠条叶片失水率

### 5.2.7 平茬措施对柠条锦鸡儿水力结构的影响

由图 5-12～图 5-15 可知，将 0cm 处理、10cm 处理和 20cm 处理及未平茬柠条萌蘖株的水力结构进行分析对比，可以看出 10cm 处理的柠条具有最高的边材比导率为 1.28kg/(m·s·MPa)，对照株最低为 0.41kg/(m·s·MPa)，差异显著（$P<0.05$）。叶比导率与边材比导率变化相似，同样是 0cm 处理达到最高 $4.25×10^{-4}$kg/(m·s·MPa)，对照植株最低 $2.22×10^{-4}$kg/(m·s·MPa)，差异显著（$P<0.05$）。而从栓塞率可以看出，对照植株的栓塞率最高，0cm 处理、10cm 处理和 20cm 处理均低于对照植株并差异显著（$P<0.05$），这说明对照株由于生长年限的增加，在运输水分时遇到

阻力，产生较高的水导损失率。由于平茬除去了柠条之前的枝条，使得木质部密度与对照相比，显著下降（$P<0.05$）。

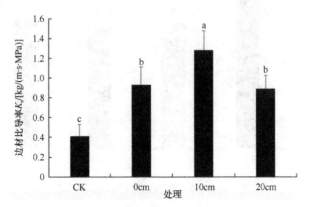

图 5-12　不同留茬高度柠条边材比导率

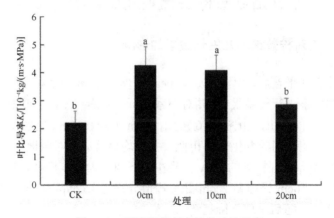

图 5-13　不同留茬高度柠条叶比导率

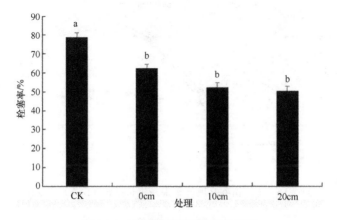

图 5-14　不同留茬高度柠条栓塞率

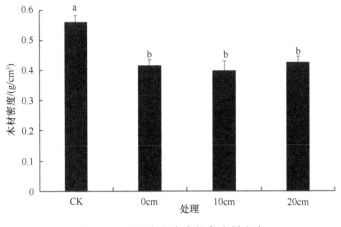

图 5-15　不同留茬高度柠条木材密度

## 5.3　平茬措施对柠条锦鸡儿储存物的影响

### 5.3.1　平茬措施对柠条锦鸡儿生长激素的影响

在柠条锦鸡儿平茬后，每隔 10d 对 0cm 处理、10cm 处理和 20cm 处理，以及未平茬处理的柠条进行根系采集，并对根系进行生长素（IAA）、细胞分裂素（CTK）和赤霉素（GA）的分析。由图 5-16 可知，0cm 处理、10cm 处理和 20cm 处理柠条根系的生长素随时间的变化规律相似，并且均显著高于对照植株。0cm 处理、10cm 处理和 20cm 处理柠条的 IAA 含量在 20～40d 大幅度增高，在第 40 天达到峰值，0cm 处理、10cm 处理和 20cm 处理峰值分别为 15.69μg/g FW、17.31μg/g FW 和 16.85μg/g FW，随后呈现下降趋势。

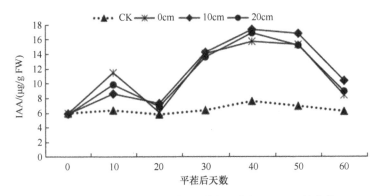

图 5-16　不同留茬高度柠条根系生长激素（IAA）的变化

根系中 CTK 含量的增加，可以有效促进植株的侧芽萌发，由 5-17 可知，0cm

处理、10cm 处理和 20cm 处理的柠条根系中 CTK 含量均在平茬 40d 内基本呈上升趋势，40d 后呈下降趋势；而对照株中含量始终较为稳定，无显著波动。留茬高度为 10cm 柠条中 CTK 含量显著高于 0cm 处理、20cm 处理与对照株。

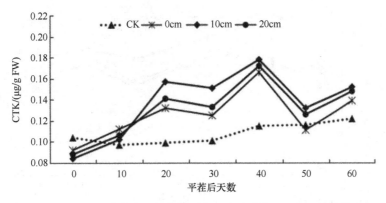

图 5-17　不同留茬高度柠条根系中细胞分裂素（CTK）的变化

根系中赤霉素能够有效促进植物茎的生长。由图 5-18 可以发现，留茬高度为 0cm、10cm、20cm 柠条的赤霉素含量均在平茬处理 60d 内呈升-降-升趋势，对照株无显著变化。其中留茬高度为 10cm 与 20cm 柠条的 GA 含量，显著高于留茬高度为 0cm 与对照植株。

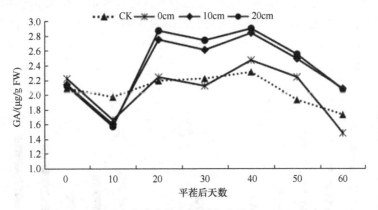

图 5-18　不同留茬高度柠条根系中赤霉素（GA）的变化

### 5.3.2　平茬措施对柠条锦鸡儿 α-淀粉酶的影响

α-淀粉酶作用于储存植物根系中的淀粉，使其大量水解产生可溶性糖，供给平茬后植株地上部分的生长。由图 5-19 可知，0cm 处理、10cm 处理和 20cm 处理，以及对照植株的 α-淀粉酶活性与 GA 含量的变化趋势相似。平茬处理 40d 内留茬高度为 10cm 与 20cm 处理柠条的 α-淀粉酶活性较强，留茬高度为 0cm 较为稳定；40d 后经过不同留茬高度平茬处理柠条的 α-淀粉酶活性先升高后降低，10cm、20cm 与对照差异显著。

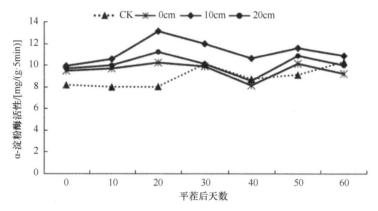

图 5-19　不同留茬高度柠条根系 α-淀粉酶活性的变化

### 5.3.3　平茬措施对柠条锦鸡儿茎、叶游离氨基酸含量的影响

#### 5.3.3.1　三种平茬模式柠条茎中游离氨基酸含量

通过对未平茬模式柠条茎的游离氨基酸含量进行测定，发现未平茬模式柠条每 100g 茎的干样中游离氨基酸含量变化范围为 0.06%～0.55%（图 5-20）。其中，

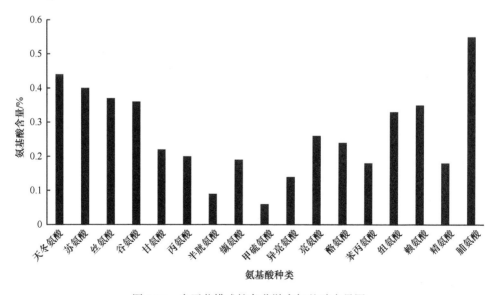

图 5-20　未平茬模式柠条茎游离氨基酸含量图

脯氨酸含量最高，为 0.55%。天冬氨酸、苏氨酸含量居第二、第三，分别为 0.44%、0.40%；甲硫氨酸含量最低，为 0.06%。

通过对 10cm 全面平茬模式柠条茎的游离氨基酸含量进行测定，发现 10cm 全面平茬模式柠条每 100g 茎的干样中游离氨基酸含量变化范围为 0.08%～0.81%（图 5-21）。其中，脯氨酸含量最高，为 0.81%；组氨酸、天冬氨酸含量居第二、第三，分别为 0.76%、0.72%；谷氨酸含量居第四，为 0.67%；其余游离氨基酸含量均小于或等于 0.47%，甲硫氨酸含量最低，为 0.08%。

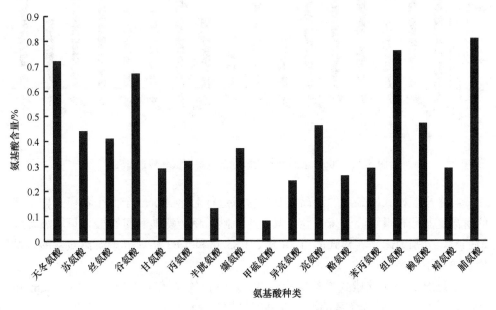

图 5-21　10cm 全面平茬模式柠条茎的游离氨基酸含量图

与未平茬模式柠条茎的游离氨基酸含量进行对比：10cm 全面平茬模式柠条茎的游离氨基酸含量均高于未平茬模式，其中天冬氨酸、缬氨酸、谷氨酸、苯丙氨酸、精氨酸、亮氨酸、异亮氨酸和组氨酸含量增加幅度最明显，分别为未平茬模式的 1.64 倍、1.95 倍、1.86 倍、1.61 倍、1.61 倍、1.76 倍、1.71 倍和 2.30 倍。其余游离氨基酸含量增加幅度不明显。

通过对 20cm 全面平茬模式柠条茎的游离氨基酸含量进行调查，发现 20cm 全面平茬柠条每 100g 茎的干样中游离氨基酸含量变化范围为 0.11%～0.62%（图 5-22）。其中，脯氨酸含量最高，为 0.62%；组氨酸、天冬氨酸含量居第二、第三，分别为 0.54%、0.53%；谷氨酸含量居第四，为 0.52%；其余游离氨基酸含量小于或等于 0.43%，甲硫氨酸含量最低，为 0.11%。

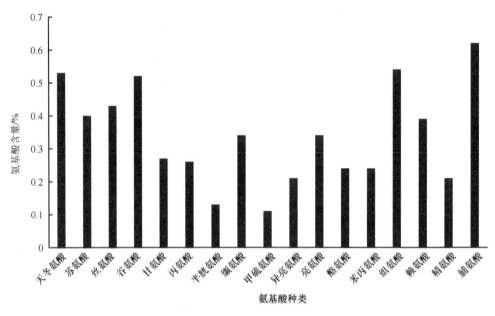

图 5-22　20cm 全面平茬模式柠条茎游离氨基酸含量图

与未平茬模式柠条茎的游离氨基酸含量进行对比：20cm 全面平茬模式柠条茎的游离氨基酸含量均高于未平茬，其中缬氨酸、甲硫氨酸和组氨酸含量增加幅度最明显，分别为未平茬模式的 1.78 倍、1.83 倍和 1.63 倍。其余游离氨基酸含量增加幅度不明显。

通过对 3 种平茬模式柠条茎的游离氨基酸含量进行对比分析，发现 10cm 和 20cm 全面平茬模式柠条茎的游离氨基酸平均含量均高于未平茬模式的，且 10cm 平茬＞20cm 平茬＞未平茬（表 5-3）。

表 5-3　三种平茬模式下柠条茎的游离氨基酸含量对比

| 处理 | 10cm 平茬茎 | 20cm 平茬茎 | 未平茬茎 |
| --- | --- | --- | --- |
| 氨基酸平均含量/(mg/100g) | 43.24±24.25 | 34.85±17.05 | 27.57±15.26 |

### 5.3.3.2　三种平茬模式柠条叶中游离氨基酸含量

通过对未平茬模式柠条叶的游离氨基酸含量进行测定，发现未平茬模式柠条每 100g 叶的干样中游离氨基酸含量变化范围为 0.10%～1.62%（图 5-23）。其中，脯氨酸含量最高，为 1.62%；谷氨酸、天冬氨酸含量居第二、第三，分别为 1.54%、1.47%；亮氨酸含量居第四，为 1.11%；其余游离氨基酸含量均小于或等于 0.88%，甲硫氨酸含量最低，为 0.13%。

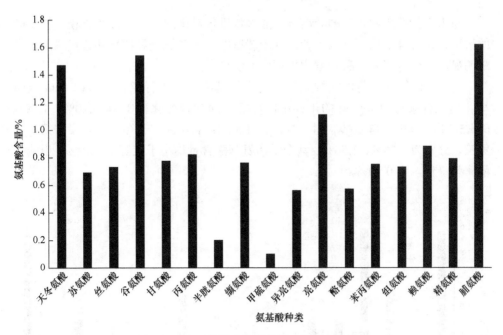

图 5-23 未平茬模式柠条叶游离氨基酸含量图

对 10cm 全面平茬模式柠条林叶的游离氨基酸含量进行调查，发现 10cm 全面平茬模式柠条每 100g 叶的干样中游离氨基酸含量变化范围为 0.13%～2.31%（图 5-24）。其中，脯氨酸含量最高，为 2.31%；天冬氨酸、谷氨酸含量居第二、第三，分别为 2.16%、1.89%；亮氨酸含量居第四，为 1.48%；其余游离氨酸含量均小于或等于 1.29%，甲硫氨酸含量最低，为 0.13%。

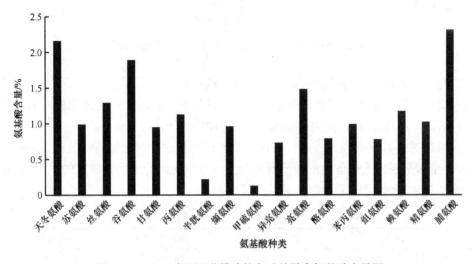

图 5-24 10cm 全面平茬模式柠条叶的游离氨基酸含量图

与未平茬模式柠条叶的游离氨基酸含量进行对比：10cm 全面平茬模式柠条叶的游离氨基酸含量均高于未平茬，其中脯氨酸、天冬氨酸和丝氨酸含量增加幅度最明显。其余游离氨基酸含量增加幅度不明显。

对 20cm 全面平茬模式柠条叶的游离氨基酸含量进行调查，发现 20cm 全面平茬模式柠条每 100g 叶的干样中游离氨基酸含量变化范围为 0.10%～1.59%（图 5-25）。其中，脯氨酸含量最高，为 1.59%；谷氨酸、天冬氨酸含量居第二、第三，分别为 1.58%、1.56%；其余游离氨基酸含量均小于或等于 1.19%，甲硫氨酸含量最低，为 0.10%。

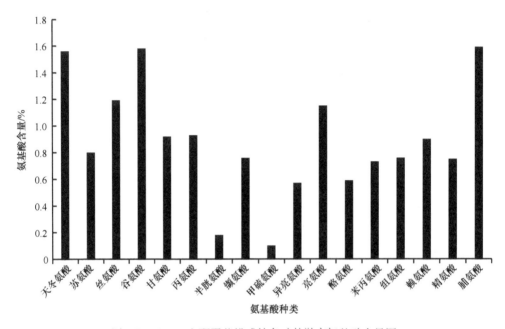

图 5-25　20cm 全面平茬模式柠条叶的游离氨基酸含量图

与未平茬模式柠条叶的游离氨基酸含量进行对比：20cm 全面平茬模式柠条叶的游离氨基酸含量平均值高于未平茬，其中丝氨酸含量增加幅度最明显，为未平茬模式的 1.63 倍。其余游离氨基酸含量增加幅度不明显。

通过对 3 种平茬模式柠条叶的游离氨基酸含量进行对比分析，发现 10cm 和 20cm 全面平茬模式柠条叶的游离氨基酸平均含量均高于未平茬模式的，且 10cm 全面平茬＞20cm 全面平茬＞未平茬（表 5-4）。

表 5-4　3 种平茬模式下柠条叶的游离氨基酸含量对比

| 处理 | 10cm 平茬叶 | 20cm 平茬叶 | 未平茬叶 |
| --- | --- | --- | --- |
| 氨基酸平均含量/(mg/100g) | 111.84±59.43 | 88.68±42.82 | 82.21±40.53 |

## 5.4　讨论与结论

### 5.4.1　平茬措施对柠条锦鸡儿生长的影响

　　植株生长对平茬所作出的一系列反应是个复杂的过程。Belsky 等（1993）经研究发现，大多数植物在平茬后都会有补偿生长的现象，其中包括新生叶片光合作用能力高于从前；植物可以对根系储存物质进行再分配。叶片作为植物进行光合作用的主要器官，平茬虽然使植株损失大部分地上部分，光合能力暂时降低，但植株可以在短时间内对贮藏资源进行再分配，以维持剩余组织的生长发育。平茬作为灌木更新复壮的一种有效措施（张盈玉和马荣才，2009），不仅对植物的生长产生影响，同时会影响植物体内营养物质的分配（Wallace and Macko，1993）。已有研究发现，平茬后植物的地上生物量分配比例会增加，以更多的光合作用来获取生长所需营养物质，同时地下生物量分配比例将会减少（Guitian and Bardgett，2000）。细根的生物量比例虽有增加，但无显著影响。这是由于柠条在平茬后失去大部分地上部分，为了使植株能短时间恢复，就必须将光合产生的营养物，以及储存物质先分配给植株的茎叶。这样不仅增加了植株的光合作用能力，也提高了植株地上部分的再生速率，提高植株生产效率。

　　本研究对柠条锦鸡儿采用了距地表 0cm 平茬、10cm 平茬、20cm 平茬和未平茬 4 种处理模式，结果表明，平茬处理比未平茬的柠条锦鸡儿生长更新及再生能力更强，均产生了超补偿反应，其中不同平茬处理的柠条锦鸡儿地上各项生长指标占比由大到小的顺序为 10cm 平茬＞0cm 平茬＞20cm 平茬＞未平茬。这与章家恩等（2005）对牧草进行不同强度的刈割，研究得出的其地上部和地下部生长状况变化规律一致，与芦娟等（2011）学者研究的不同留茬高度处理对柠条更新能力的影响规律一致。马天琴等（2017）对沙柳进行不同平茬高度处理，研究其生长变化情况，调查其丛高、冠幅、基径及萌条数量时发现，沙柳的平茬高度以 0cm 为宜，与本文研究结果不一致，造成这种现象主要是由于植物本身的生物学特性及结构特征的不同。

　　根系是植物从土壤中能及时吸收水分、养分和营养物质的重要器官（张俊娥，2001），也是传输地下营养物质的主要途径，其中细根在此功能中贡献最大。植物根系在空间分布上是不匀称的，要想探究植物根系的分布特征，就要看植物根系在不同土层深度所表现出的差异性（宇万太和于永强，2001）。植物自身的生物学特性和环境因素共同作用对根系生长发育产生影响。本研究表明，在垂直方向上，不同平茬处理（未平茬、0cm、10cm、20cm）的柠条锦鸡儿细根总根长在各土层中随着土层深度的增加，标准丛下方垂直距离为 15～40cm 土层的细根总根长达到最高，其次垂直距离为 80cm 的细根总根长较高，而 50～70cm 土层的细根总根长较其上、下土层明显偏低。由于标准丛距地表 50～70cm 处分布约为 20cm 深的钙积层土壤，钙积层土壤结构要比其他土层结构紧实且通透性差，根系在钙积层内很难继续扎根生长，因此 50～70cm 土层的细根总根长明显低于其相邻土层。这与杨峰等（2011）和牛存洋等（2015）对毛乌素沙地沙柳根系及科尔沁地区小黄柳、黄竹子、白柠条等固沙植物根系的研究规律一致。

### 5.4.2　平茬措施对柠条锦鸡儿光合作用的影响

植物在受到平茬处理后光合作用、蒸腾作用等生理活动都会发生改变（钟秀琼和钟声，2007），其中光合作用的增强是植物出现超补偿生长的基础生理活动。周晓红等（2008）等研究后发现，黑麦草在刈割后，显著增强了光合作用的同时促进了新芽的再生。董雪（2013）在对珍惜天然物种沙冬青进行平茬研究后发现，平茬后的沙冬青净光合速率日均值比未平茬处理高出 15.57%。本研究的结果也与以上规律一致，不同留茬高度处理的柠条锦鸡儿净光合速率日均值均显著高于对照，其中留茬高度为 10cm 的净光合速率日均值最大，是对照株的 1.43 倍。光合作用的显著增强与气孔导度密切相关，本研究发现不同留茬高度处理后的柠条锦鸡儿叶片气孔导度显著增大，气孔限制值也随之降低。

### 5.4.3　平茬措施对柠条锦鸡儿水分生理的影响

水分状况可以直接限制植物在平茬后的生长恢复，水分状况可以反映出植物对干旱环境的适应性（何明珠等，2006；解婷婷等，2008）。本研究发现，平茬后柠条锦鸡儿的叶片保水力要低于对照，这是由于柠条锦鸡儿将根系吸收的大部分水提供给地上部分用于生长，同时为植物补偿生长所需有机物的合成提供原料。有研究表明，沙拐枣在受干旱胁迫时，叶片的相对含水率要高于正常情况（李向义等，2003）。这与本研究结果一致，柠条锦鸡儿在平茬后，叶片的相对含水量显著增高，叶片的水分饱和亏显著下降，这说明平茬处理显著改善了柠条锦鸡儿体内的水分状况。

柠条锦鸡儿在不同平茬处理后的叶比导率均显著高于未平茬，这是由于未平茬的柠条低处叶子对水分消耗较小，而顶端叶子处于较好的生长情况，茎的比导率与叶比导率表现相似。Zimmermann（1978）认为水分运输最大的困难就是如何克服重力阻力，水势的降低，会导致木质部张力增大，也就容易导致空穴与栓塞。但是本研究发现，平茬后柠条锦鸡儿的栓塞率与对照相比均显著降低，也就是说平茬处理后首先受到伤害的是低处的枝条，这有利于植株向顶端枝叶运输水分。

平茬处理后叶比导率的增高，减少了土壤与叶片之间的压力，同时降低了植物木质部空穴的概率。

### 5.4.4　平茬措施对柠条锦鸡儿储存物的影响

植物被平茬处理后，在恢复正常生长过程中，最重要的是植物内源激素的调控，植物激素与活性淀粉酶可以加速对植株储存营养物质的分解。本研究发现，不同平茬处理柠条锦鸡儿根系的赤霉素、细胞分裂素与生长素含量均显著高于对照，这是由于平茬后的植株根冠比较高，根系内源激素含量的增加，可以促进柠条枝条的萌发与生长。平茬处理后根系中 α-淀粉酶活性与赤霉素的变化趋势基本一致，促进柠条地上枝条再生生长。这与方能虎等（2001）对水稻萌发的研究发现一致，稀土处理的水稻赤霉素含量与 α-淀粉酶活性变化趋势一致。

在干旱、半干旱地区，植物通过积蓄渗透调节物质和降低水势来保证植株在受到干旱胁迫时的正常生理活动（祁娟等，2009）。植物的渗透调节物质包含很多种，游离脯氨酸作为其中一项（Watanabe et al., 2000；Sofo et al., 2004），可以保证植物提高水分利用率。本研究对不同留茬高度的柠条锦鸡儿不同组织中脯氨酸含量进行测定，显示对照株中脯氨酸显著高于不同平茬处理的柠条，进一步证明植株可以通过积累大量游离脯氨酸提供给地上部分，推进植株再生生长。

# 第 6 章 平茬措施对柠条锦鸡儿根系静态生理生态特征的影响

## 6.1 平茬措施对柠条锦鸡儿各径级根系总根长空间分布特征的影响

### 6.1.1 未平茬模式柠条锦鸡儿各径级根系总根长空间分布特征

根据试验地未平茬模式 0～200cm 土层柠条各径级根系的实测数据，对柠条总根长进行研究。结果表明，未平茬模式柠条各径级根系总根长存在差异，各径级根系总根长的变化范围分别为骨骼根 0.13～55.47mm、粗根 1.94～93.65mm、细根 159.76～2155.76mm。可以发现，随着根系径级降低总根长的最大值和最小值均表现出增加的趋势。

对比未平茬模式柠条骨骼根总根长垂直土层间和水平土层间的差异，发现各土层未平茬模式柠条骨骼根总根长沿水平方向和垂直方向的分布规律存在差异，利用 Matlab 软件分别制作未平茬模式柠条各径级根系总根长在三维空间的分布图和等高线图，如图 6-1～图 6-3 所示。

由图 6-1 可见，未平茬模式柠条骨骼根总根长随距标准丛的水平距离和垂直距离的增加呈逐渐减小的趋势。水平方向各土层骨骼根总根长平均值变化范围为

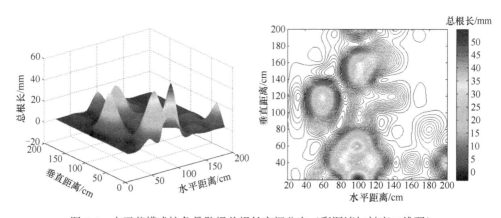

图 6-1  未平茬模式柠条骨骼根总根长空间分布（彩图请扫封底二维码）

0.22～12.97mm，垂直方向各土层骨骼根总根长平均值变化范围为 0.13～4.38mm。随着土层深度增加，植株正下方骨骼根总根长明显高于其他区域，最大值出现在标准丛正下方 15～30cm 位置，在约 80cm 的位置骨骼根总根长较大，而 50～70cm 处骨骼根总根长较小。

由图 6-2 可见，未平茬模式柠条粗根总根长随距标准丛的水平距离和垂直距离的增加呈逐渐减小的趋势。水平方向各土层粗根总根长平均值变化范围为 20.45～75.50mm，垂直方向各土层粗根总根长平均值变化范围为 39.48～47.90mm。随着土层深度增加，植株正下方粗根总根长明显高于其他区域，最大值出现在标准丛正下方 15～30cm 位置，在约 80cm 的位置粗根总根长较大，而 50～70cm 处粗根总根长较小。

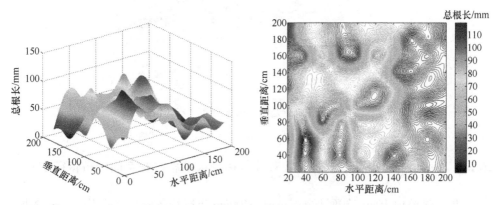

图 6-2　未平茬模式柠条粗根总根长空间分布（彩图请扫封底二维码）

由图 6-3 可见，未平茬模式柠条细根总根长随距标准丛的水平距离和垂直距离的增加呈逐渐减小的趋势。水平方向各土层细根总根长平均值变化范围为 336.61～1700.76mm，垂直方向各土层细根总根长平均值变化范围为 246.78～2046.42mm。随着土层深度增加，植株正下方细根总根长明显高于其他区域，最大值出现在标准丛正下方 15～30cm 位置，在约 80cm 的位置细根总根长较大，而 50～70cm 处细根总根长较小。

通过研究发现，随柠条根系径级降低，未平茬模式柠条根系总根长的平均值表现出增加的趋势，表现为骨骼根（4.74mm）＜粗根（47.94mm）＜细根（712.18mm）。0～200cm 土壤剖面未平茬模式柠条各径级根系总根长的空间分布规律较相似，随距标准丛的距离增加呈逐渐减小的趋势，其最大值始终在标准丛正下方，垂直方向的最大值均出现在标准丛正下方 15～30cm 的位置，但是在约 80cm 的位置出现另一个峰值，而在 50～70cm 处则出现低谷，这主要是由于该研究区距地表 50～70cm 处均有厚度约为 20cm 的钙积层，由于钙积层土壤比其他土层结构紧实、通透性差，增加了柠条根系生长的难度，因此 50～70cm 土层的柠条各径级根系总根长明显偏低。钙积层下层土壤相对疏松、通透，根系通过钙积层后得到较好的生长环境，因此 80cm 土层各径级根系总根长较大，随土层深度继续增加，各径级根系总根长逐渐减小。

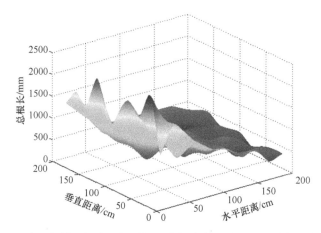

图 6-3  未平茬模式柠条细根总根长空间分布（彩图请扫封底二维码）

### 6.1.2  10cm 全面平茬模式柠条锦鸡儿各径级根系总根长空间分布特征

根据试验地 10cm 全面平茬模式 0～200cm 土层柠条各径级根系的实测数据，对柠条总根长进行研究。结果表明，10cm 全面平茬模式柠条各径级根系总根长存在差异，各径级根系总根长的变化范围分别为骨骼根 0.23～52.60mm；粗根 28.80～194.80mm；细根 588.83～4123.27mm。可以发现，随着根系径级降低 10cm 全面平茬模式柠条根系总根长的最大值和最小值均表现出增加的趋势。与未平茬模式各径级根系总根长分别进行比较发现，10cm 全面平茬模式柠条各径级根系除骨骼根最大值外最大值和最小值基本都大于未平茬模式的。

由图 6-4 可见，10cm 全面平茬模式柠条骨骼根总根长空间分布规律与未平茬模式柠条骨骼根总根长空间分布规律相似，随距标准丛的距离增加较有规律地减小，水平方向各土层骨骼根总根长平均值变化范围为 3.09～27.54mm；垂直方向各土层骨骼根总根长平均值变化范围为 0.24～16.87mm。随着土层深度增加，植株正下方骨骼根总根长明显高于其他区域，最大值出现在标准丛正下方 15～30cm 位置，在约 80cm 的位置骨骼根总根长较大，而 50～70cm 处骨骼根总根长较小。与未平茬模式柠条骨骼根总根长水平方向和垂直方向平均值进行比较发现，10cm 全面平茬模式各方向平均值基本都大于未平茬模式的总根长。

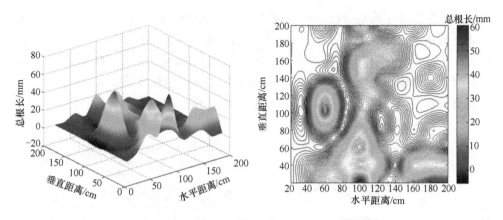

图 6-4 10cm 全面平茬模式柠条骨骼根总根长空间分布（彩图请扫封底二维码）

由图 6-5 可见，10cm 全面平茬模式柠条粗根总根长空间分布规律与未平茬模式柠条粗根总根长空间分布规律相似，随距标准丛的距离增加较有规律地减小，水平方向各土层粗根总根长平均值变化范围为 38.58～128.85mm，垂直方向各土层粗根总根长平均值变化范围为 40.79～131.28mm。随着土层深度增加，植株正下方粗根总根长明显高于其他区域，最大值出现在标准丛正下方 15～30cm 位置，在约 80cm 的位置粗根总根长较大，而 50～70cm 处粗根总根长较小。与未平茬模式柠条粗根总根长水平方向和垂直方向平均值进行比较发现，10cm 全面平茬模式各方向平均值基本都大于未平茬模式的总根长。

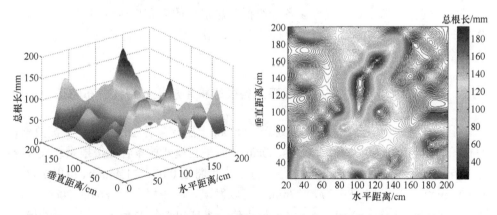

图 6-5 10cm 全面平茬模式柠条粗根总根长空间分布（彩图请扫封底二维码）

由图 6-6 可见，10cm 全面平茬模式柠条细根总根长空间分布规律与未平茬模式柠条细根总根长空间分布规律相似，随距标准丛的距离增加较有规律地减小，水平方向各土层细根总根长平均值变化范围为 717.85～2804.37mm，垂直方向各土层细根总根长平均值变化范围为 422.29～2465.09mm。随着土层深度增加，植株正下方细根总根长明显高于其他区域，最大值出现在标准丛正下方 15～30cm 位置，在约 80cm 的位置细根总根长较大，而 50～70cm 处细根总根长较小。与未平茬模式柠条细根总根长水平方向和垂直方向平均值进行比较发现，10cm 全面平茬模式各方向平均值基本都大于未平茬模式的总根长。

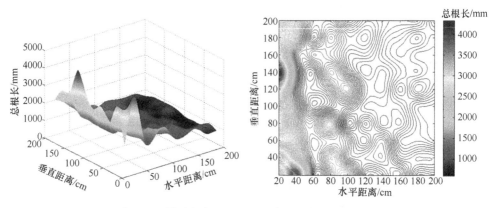

图 6-6　10cm 全面平茬模式柠条细根总根长空间分布（彩图请扫封底二维码）

通过研究发现，随柠条根系径级降低 10cm 全面平茬模式柠条根系总根长的平均值表现出增加的趋势，表现为骨骼根（4.93mm）＜粗根（84.51mm）＜细根（1271.14mm）。0～200cm 土壤剖面 10cm 全面平茬模式柠条各径级根系总根长的空间分布规律与未平茬模式柠条各径级根系总根长的分布规律较相似，且 10cm 全面平茬模式柠条各径级根系总根长最大值、最小值及平均值基本都大于未平茬模式柠条根系总根长。

### 6.1.3　20cm 全面平茬模式柠条锦鸡儿各径级根系总根长空间分布特征

根据试验地 20cm 全面平茬模式 0～200cm 土层柠条各径级根系的实测数据，对柠条总根长进行研究。结果表明，20cm 全面平茬模式柠条各径级根系总根长存在差异，各径级根系总根长的变化范围分别为骨骼根 0.07～21.44mm、粗根 7.71～154.31mm、细根 432.78～2779.77mm。可以发现，随着根系径级降低 20cm 全面平茬模式柠条根系总根长的最大值和最小值均表现出增加的趋势。与未平茬模式各径级根系总根长分别进行比较发现，20cm 全面平茬模式柠条粗根和细根根系最大值和最小值基本都大于未平茬模式的。

由图 6-7 可见，20cm 全面平茬模式柠条骨骼根总根长空间分布规律与未平茬模式柠条骨骼根总根长空间分布规律相似，随距标准丛的距离增加较有规律地减小。

随着土层深度增加，植株正下方骨骼根总根长明显高于其他区域，最大值出现在标准丛正下方 15～30cm 位置，在约 80cm 的位置骨骼根总根长较大，而 50～70cm 处骨骼根总根长较小。与未平茬模式柠条骨骼根总根长水平方向和垂直方向平均值进行比较发现，20cm 全面平茬模式平均值大于未平茬模式的总根长。

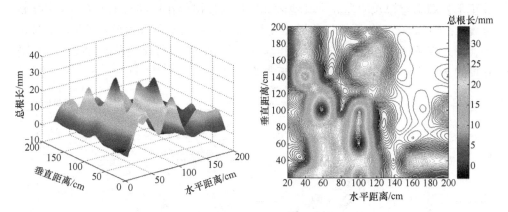

图 6-7　20cm 全面平茬模式柠条骨骼根总根长空间分布（彩图请扫封底二维码）

由图 6-8 可见，20cm 全面平茬模式柠条粗根总根长空间分布规律与未平茬模式柠条粗根总根长空间分布规律相似，随距标准丛的距离增加较有规律地减小，水平方向各土层粗根总根长平均值变化范围为 19.28～99.85mm，垂直方向各土层粗根总根长平均值变化范围为 37.98～117.63mm。随着土层深度增加，植株正下方粗根总根长明显高于其他区域，最大值出现在标准丛正下方 15～30cm 位置，在约 80cm 的位置粗根总根长较大，而 50～70cm 处粗根总根长较小。与未平茬模式柠条粗根总根长水平方向和垂直方向平均值进行比较发现，20cm 全面平茬模式垂直方向平均值基本都大于未平茬模式的总根长。

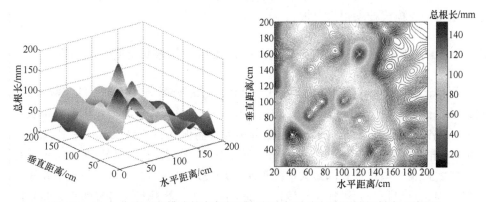

图 6-8　20cm 全面平茬模式柠条粗根总根长空间分布（彩图请扫封底二维码）

由图 6-9 可见，20cm 全面平茬模式柠条细根总根长空间分布规律与未平茬模式柠条细根总根长空间分布规律相似，随距标准丛的距离增加较有规律地减小，水平方向各土层细根总根长平均值变化范围为 583.91～2253.57mm，垂直方向各土层细根总根长平均值变化范围为 364.57～1618.47mm。随着土层深度增加，植株正下方细根总根长明显高于其他区域，最大值出现在标准丛正下方 15～30cm 位置，在约 80cm 的位置细根总根长较大，而 50～70cm 处细根总根长较小。与未平茬模式柠条细根总根长水平方向和垂直方向平均值进行比较发现，20cm 全面平茬模式水平方向平均值大于未平茬模式的总根长。

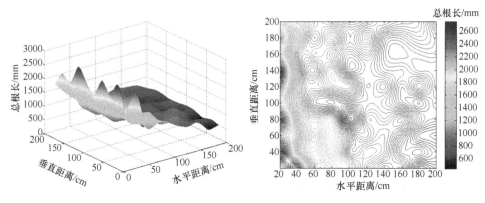

图 6-9　20cm 全面平茬模式柠条细根总根长空间分布（彩图请扫封底二维码）

通过研究发现，随柠条根系径级降低 20cm 全面平茬模式柠条根系总根长的平均值表现出增加的趋势，表现为骨骼根（5.68mm）＜粗根（55.15mm）＜细根（1024.41mm）。0～200cm 土壤剖面 20cm 全面平茬模式柠条各径级根系总根长的空间分布规律与未平茬模式柠条各径级根系总根长的分布规律较相似，且 20cm 全面平茬模式柠条粗根和细根根系总根长最大值、最小值小于未平茬模式，平均值大于未平茬模式柠条根系总根长。

### 6.1.4　10cm 隔行平茬模式柠条锦鸡儿各径级根系总根长空间分布特征

根据试验地 10cm 隔行平茬模式 0～200cm 土层柠条各径级根系的实测数据，对柠条总根长进行研究。结果表明，10cm 隔行平茬模式柠条各径级根系总根长存在差异，各径级根系总根长的变化范围分别为骨骼根 0.23～33.26mm、粗根 7.36～190.59mm、细根 405.59～2924.91mm。可以发现，随着根系径级降低 10cm 隔行平茬模式柠条根系总根长的最大值和最小值均表现出增加的趋势。与未平茬模式各径级根系总根长分别进行比较发现，10cm 隔行平茬模式柠条各径级根系除骨骼根最大值外最大值和最小值基本都大于未平茬模式的。

　　由图 6-10 可见，10cm 隔行平茬模式柠条骨骼根总根长空间分布规律与未平茬模式柠条骨骼根总根长空间分布规律相似，随距标准丛的距离增加较有规律地减小，水平方向各土层骨骼根总根长平均值变化范围为 0.06～13.28mm，垂直方向各土层骨骼根总根长平均值变化范围为 0.25～4.38mm。随着土层深度增加，植株正下方骨骼根总根长明显高于其他区域，最大值出现在标准丛正下方 15～30cm 位置，在约 80cm 的位置骨骼根总根长较大，而 50～70cm 处骨骼根总根长较小。与未平茬模式柠条骨骼根总根长水平方向和垂直方向平均值进行比较发现，10cm 隔行平茬模式平均值大于未平茬模式的总根长。

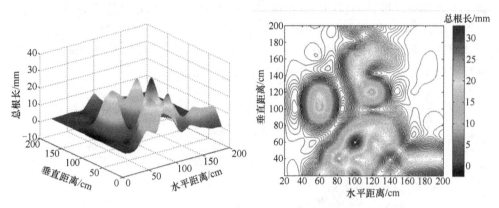

图 6-10　10cm 隔行平茬模式柠条骨骼根总根长空间分布（彩图请扫封底二维码）

　　由图 6-11 可见，10cm 隔行平茬模式柠条粗根总根长空间分布规律与未平茬模式柠条粗根总根长空间分布规律相似，随距标准丛的距离增加较有规律地减小，水平方向各土层粗根总根长平均值变化范围为 40.78～111.47mm，垂直方向各土层粗根总根长平均值变化范围为 20.36～97.77mm。随着土层深度增加，植株正下

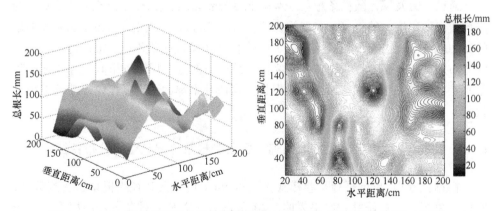

图 6-11　10cm 隔行平茬模式柠条粗根总根长空间分布（彩图请扫封底二维码）

方粗根总根长明显高于其他区域，最大值出现在标准丛正下方 15～30cm 位置，在约 80cm 的位置粗根总根长较大，而 50～70cm 处粗根总根长较小。与未平茬模式柠条粗根总根长水平方向和垂直方向平均值进行比较发现，10cm 隔行平茬模式水平方向平均值基本都大于未平茬模式的总根长。

由图 6-12 可见，10cm 隔行平茬模式柠条细根总根长空间分布规律与未平茬模式柠条细根总根长空间分布规律相似，随距标准丛的距离增加较有规律地减小，水平方向各土层细根总根长平均值变化范围为 537.17～2055.01mm，垂直方向各土层细根总根长平均值变化范围为 355.44～1319.91mm。随着土层深度增加，植株正下方细根总根长明显高于其他区域，最大值出现在标准丛正下方 15～30cm 位置，在约 80cm 的位置细根总根长较大，而 50～70cm 处细根总根长较小。与未平茬模式柠条细根总根长水平方向和垂直方向平均值进行比较发现，10cm 隔行平茬模式水平方向平均值基本都大于未平茬模式的总根长。

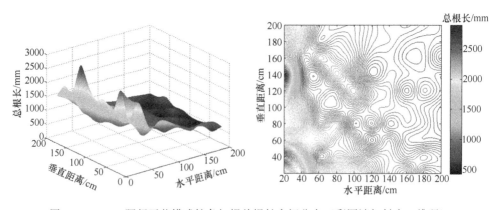

图 6-12　10cm 隔行平茬模式柠条细根总根长空间分布（彩图请扫封底二维码）

通过研究发现，随柠条根系径级降低 10cm 隔行平茬模式柠条根系总根长的平均值表现出增加的趋势，表现为骨骼根（4.15mm）＜粗根（72.03mm）＜细根（935.20mm）。0～200cm 土壤剖面 10cm 隔行平茬模式柠条各径级根系总根长的空间分布规律与未平茬模式柠条各径级根系总根长的分布规律较相似，且 10cm 隔行平茬模式柠条粗根和细根根系总根长平均值基本都大于未平茬模式柠条根系总根长。

### 6.1.5　20cm 隔行平茬模式柠条锦鸡儿各径级根系总根长空间分布特征

根据试验地 20cm 隔行平茬模式 0～200cm 土层柠条各径级根系的实测数据，对柠条总根长进行研究。结果表明，20cm 隔行平茬模式柠条各径级根系总根长存在差异，各径级根系总根长的变化范围分别为骨骼根 0.16～33.26mm、粗根 7.47～185.59mm、细根 145.474～3685.406mm。可以发现，随着根系径级降低 20cm 隔行平茬模式柠条根系总根长的最大值和最小值均表现出增加的趋势。与未平茬模式各径级根系总根长分别进行比较发现，20cm 隔行平茬模式柠条各径级根系除骨骼根最大值和细根最小值外最大值和最小值基本都大于未平茬模式的。

由图 6-13 可见，20cm 隔行平茬模式柠条骨骼根总根长空间分布规律与未平茬模式柠条骨骼根总根长空间分布规律相似，随距标准丛的距离增加较有规律地减小，水平方向各土层骨骼根总根长平均值变化范围为 0.39～13.21mm，垂直方向各土层骨骼根总根长平均值变化范围为 0.18～7.88mm。随着土层深度增加，植株正下方骨骼根总根长明显高于其他区域，最大值出现在标准丛正下方 15～30cm 位置，在约 80cm 的位置骨骼根总根长较大，而 50～70cm 处骨骼根总根长较小。与未平茬模式柠条骨骼根总根长水平方向和垂直方向平均值进行比较发现，20cm 隔行平茬模式各方向平均值基本都大于未平茬模式的总根长。

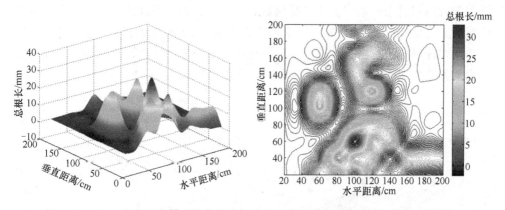

图 6-13　20cm 隔行平茬模式柠条骨骼根总根长空间分布（彩图请扫封底二维码）

由图 6-14 可见，20cm 隔行平茬模式柠条粗根总根长空间分布规律与未平茬模式柠条粗根总根长空间分布规律相似，随距标准丛的距离增加较有规律地减小，水平方向各土层粗根总根长平均值变化范围为 46.55～111.48mm，垂直方向各土层粗根总根长平均值变化范围为 69.56～164.01mm。随着土层深度增加，植株正下方粗根总根长明显高于其他区域，最大值出现在标准丛正下方 15～30cm 位置，在约 80cm 的位置粗根总根长较大，而 50～70cm 处粗根总根长较小。与未平茬模式柠条粗根总根长水平方向和垂直方向平均值进行比较发现，20cm 隔行平茬模式各方向平均值基本都大于未平茬模式的总根长。

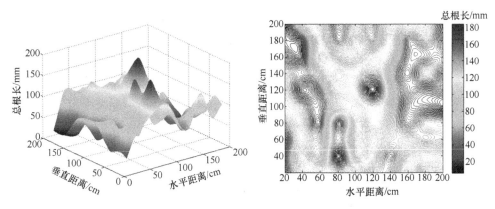

图 6-14　20cm 隔行平茬模式柠条粗根总根长空间分布（彩图请扫封底二维码）

由图 6-15 可见，20cm 隔行平茬模式柠条细根总根长空间分布规律与未平茬模式柠条细根总根长空间分布规律相似，随距标准丛的距离增加较有规律地减小，水平方向各土层细根总根长平均值变化范围为 494.89～1942.94mm，垂直方向各土层细根总根长平均值变化范围为 253.86～2436.45mm。随着土层深度增加，植株正下方细根总根长明显高于其他区域，最大值出现在标准丛正下方 15～30cm 位置，在约 80cm 的位置细根总根长较大，而 50～70cm 处细根总根长较小。与未平茬模式柠条细根总根长水平方向和垂直方向平均值进行比较发现，20cm 隔行平茬模式各方向平均值基本都大于未平茬模式的总根长。

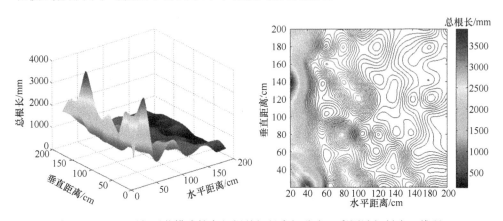

图 6-15　20cm 隔行平茬模式柠条细根总根长空间分布（彩图请扫封底二维码）

通过研究发现，随柠条根系径级降低 20cm 隔行平茬模式柠条根系总根长的平均值表现出增加的趋势，表现为骨骼根（4.14mm）＜粗根（72.09mm）＜细根（876.63mm）。0～200cm 土壤剖面 20cm 隔行平茬模式柠条各径级根系总根长的空间分布规律与未平茬模式柠条各径级根系总根长的分布规律较相似，且 20cm 隔行平茬模式柠条各径级根系总根长与未平茬模式柠条总根长无明显差异。

### 6.1.6　小结

试验地 0～200cm 土壤剖面未平茬模式和 4 种平茬模式柠条各径级根系总根长的空间分布规律较相似，随距标准丛的距离增加柠条各径级根系总根长呈逐渐减小的趋势，其最大值始终在标准丛正下方，垂直方向的最大值均出现在标准丛正下方 15～30cm 的位置，但是在约 80cm 的位置出现另一个峰值，而 50～70cm 处则出现低谷，这主要是由于该研究区距地表 50～70cm 处均有厚度约为 20cm 的钙积层，钙积层土壤相对于其他土层结构紧实、通透性差，增加了柠条根系生长的难度，因此 50～70cm 土层的柠条各径级根系总根长明显偏低。钙积层下层土壤相对疏松、通透，根系通过钙积层后得到较好的生长环境，因此 80cm 土层各径级根系总根长较大，随土层深度继续增加，各径级根系总根长逐渐减小。

随柠条根系径级降低未平茬模式和 4 种平茬模式柠条根系总根长均表现为骨骼根＜粗根＜细根。与未平茬模式作对比发现，4 种平茬模式柠条各径级根系的平均值基本表现出增加的趋势，但是未平茬模式柠条骨骼根总根长不全小于 4 种平茬模式的，这是由于形成骨骼根需要较长时间，而本试验进行于平茬半年之后，对骨骼根难以产生明显影响。未平茬模式和 4 种平茬模式柠条根系总根长的平均值表现为 10cm 全面平茬模式（453.53mm）＞20cm 全面平茬模式（361.75mm）＞10cm 隔行平茬模式（337.13mm）＞20cm 隔行平茬模式（317.62mm）＞未平茬模式（254.95mm），说明平茬处理可以显著增加柠条根系总根长，且 10cm 全面平茬模式对柠条根系总根长的影响最大。

## 6.2　平茬措施对柠条锦鸡儿各径级根系游离氨基酸空间分布特征的影响

### 6.2.1　未平茬模式柠条锦鸡儿各径级根系游离氨基酸空间分布特征

通过对试验地未平茬模式 0～200cm 土层柠条各径级根系游离氨基酸含量进行测定，发现各土层游离氨基酸总量在各土层中的平均含量随土层深度增加而减少，具体表现为 0～20cm（22.51%）＞100～200cm（22.31%）＞60～100cm（21.57%）＞40～60cm（21.54%）＞20～40cm（20.90%）。各径级根系中游离氨基酸总量：细根（44.69%）＞粗根（36.15%）＞骨骼根（27.99%）。

　　分别对比各径级根系中各游离氨基酸的含量发现，骨骼根中脯氨酸含量最多，为 4.09%；其次是组氨酸，为 3.34%；天冬氨酸含量排第三，为 2.56%。粗根中组氨酸含量最多，为 4.35%；其次是脯氨酸，为 4.18%；天冬氨酸含量排第三，为 4.04%。细根中天冬氨酸含量最多，为 5.12%；其次是谷氨酸，为 4.36%；脯氨酸含量排第三，为 4.27%（图 6-16）。

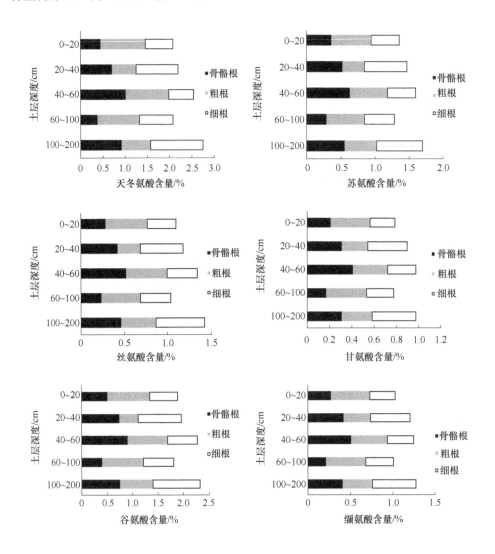

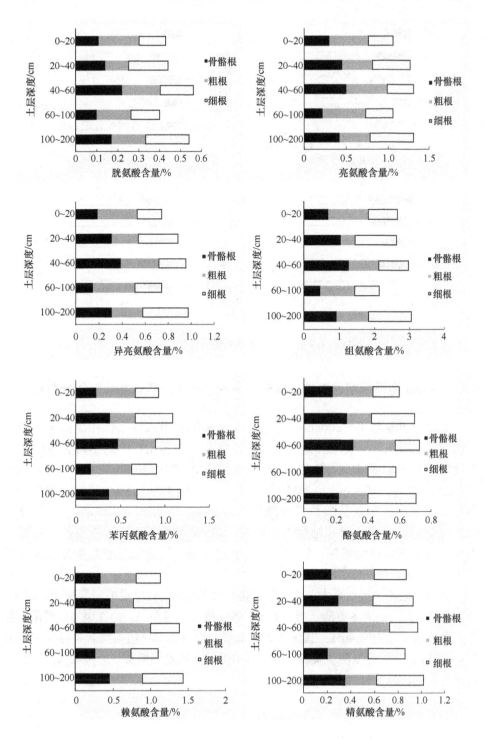

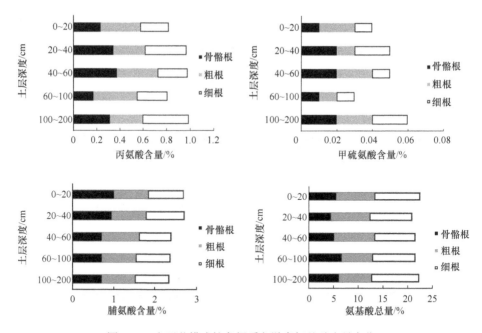

图 6-16　未平茬模式柠条根系各游离氨基酸含量变化

## 6.2.2　10cm 全面平茬模式柠条锦鸡儿各径级根系游离氨基酸空间分布特征

通过对试验地 0～200cm 土层 10cm 全面平茬模式柠条各径级根系游离氨基酸含量进行测定，发现各土层游离氨基酸总量在各土层中的平均含量随土层深度增加基本呈现减少的趋势，具体表现为 100～200cm（26.42%）＞40～60cm（24.21%）＞60～100cm（20.81%）＞20～40cm（19.41%）＞0～20cm（18.88%）。各径级根系中游离氨基酸总量：细根（38.33%）＞粗根（37.46%）＞骨骼根（33.94%）。与未平茬模式进行比较发现，10cm 全面平茬模式柠条各径级根系中游离氨基酸含量均增加，骨骼根、粗根和细根中游离氨基酸含量分别为未平茬模式的 1.01 倍、1.32 倍、1.23 倍。

分别对比各径级根系中各游离氨基酸的含量发现，骨骼根中脯氨酸含量最多，为 4.96%；其次是天冬氨酸，为 3.77%；组氨酸含量排第三，为 3.08%。粗根中脯氨酸含量最多，为 4.46%；其次是天冬氨酸，为 4.33%；组氨酸含量排第三，为 3.90%。细根中天冬氨酸含量最多，为 4.46%；其次是脯氨酸，为 4.42%；组氨酸含量排第三，为 4.12%（图 6-17）。

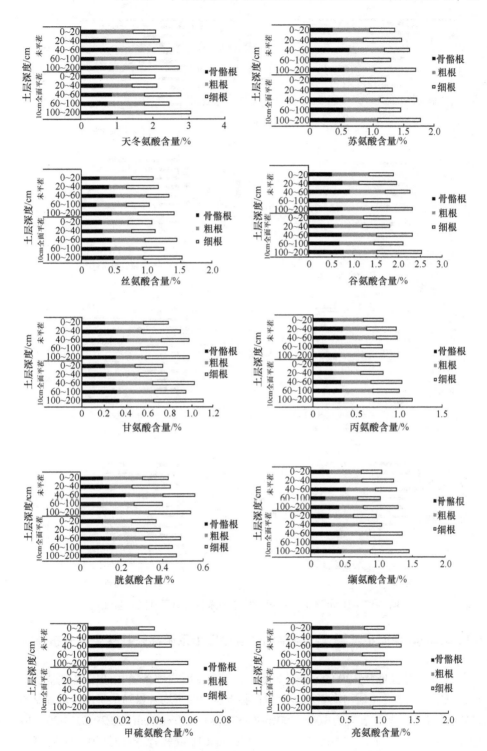

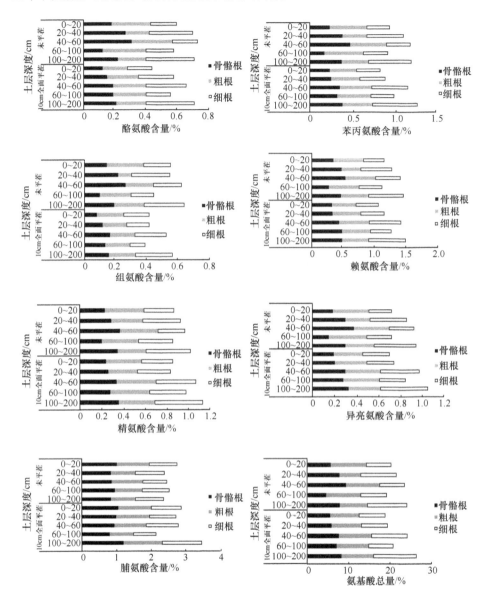

图 6-17  10cm 全面平茬模式柠条根系各游离氨基酸含量变化

### 6.2.3  20cm 全面平茬模式柠条锦鸡儿各径级根系游离氨基酸空间分布特征

通过对试验地 0～200cm 土层 20cm 全面平茬模式柠条各径级游离氨基酸含量进行测定，发现各土层游离氨基酸总量在各土层中的平均含量随土层深度增加基本呈现减少的趋势，具体表现为 100～200cm（25.73%）＞40～60cm（23.39%）＞20～40cm（21.34%）＞0～20cm（21.12%）＞60～100cm（19.46%）。各径级根系中游离氨基酸总量：细根（41.39%）＞粗根（37.75%）＞骨骼根（31.90%）。与未平茬模式进行比较发现，20cm 全面平茬模式柠条粗根、细根根系中游离氨基酸含量均增加，骨骼根、粗根和细根中游离氨基酸含量分别为未平茬模式的 91%、1.21 倍、1.15 倍。

　　分别对比各径级根系中各游离氨基酸的含量发现，骨骼根中脯氨酸含量最多，为 4.83%；其次是组氨酸，为 3.89%；天冬氨酸含量排第三，为 2.87%。粗根中组氨酸含量最多，为 4.8%；其次是脯氨酸，为 4.34%；天冬氨酸含量排第三，为 4.21%。细根中组氨酸含量最多，为 5.56%；其次是天冬氨酸，为 4.6%；脯氨酸含量排第三，为 4.54%（图 6-18）。

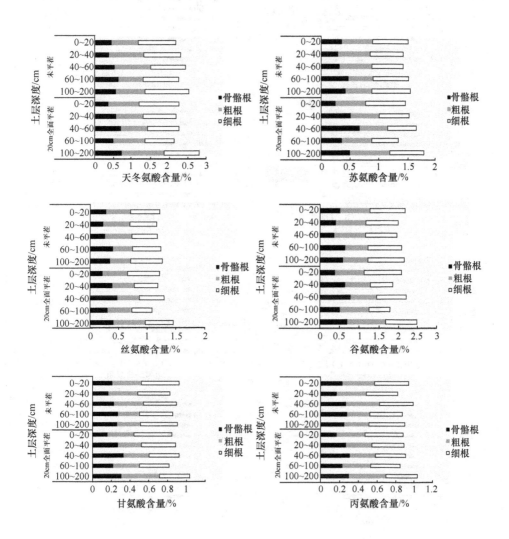

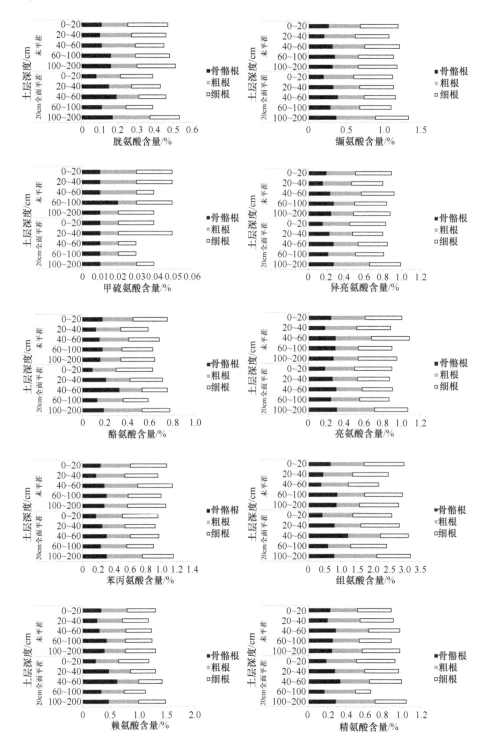

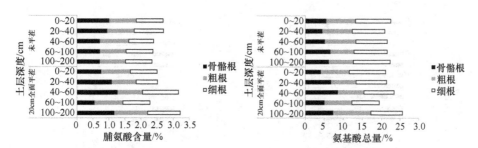

图 6-18　20cm 全面平茬模式柠条根系各游离氨基酸含量变化

### 6.2.4　10cm 隔行平茬模式柠条锦鸡儿各径级根系游离氨基酸空间分布特征

通过对试验地 0～200cm 土层 10cm 隔行平茬模式柠条各径级游离氨基酸含量进行测定，发现各土层游离氨基酸总量在各土层中的平均含量随土层深度增加基本呈现减少的趋势，具体表现为 40～60cm（28.20%）＞20～40cm（25.21%）＞60～100cm（22.74%）＞0～20cm（22.72%）＞100～200cm（21.86%）。各径级根系中游离氨基酸总量：粗根（44.41%）＞细根（40.99%）＞骨骼根（35.33%）。与未平茬模式进行比较发现，10cm 隔行平茬模式柠条粗根、细根根系游离氨基酸含量均增加，骨骼根、粗根和细根中游离氨基酸含量分别为未平茬模式的97%、1.20 倍、1.07 倍。

分别对比各径级根系中各游离氨基酸的含量发现，骨骼根中脯氨酸含量最多，为 5.94%；其次是天冬氨酸，为 3.7%；组氨酸含量排第三，为 3.39%。粗根中脯氨酸含量最多，为 5.66%；其次是天冬氨酸，为 5.01%；组氨酸含量排第三，为 4.71%。细根中组氨酸含量最多，为 5.12%；其次是脯氨酸，为 4.94%；天冬氨酸含量排第三，为 4.55%（图 6-19）。

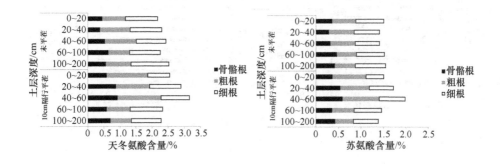

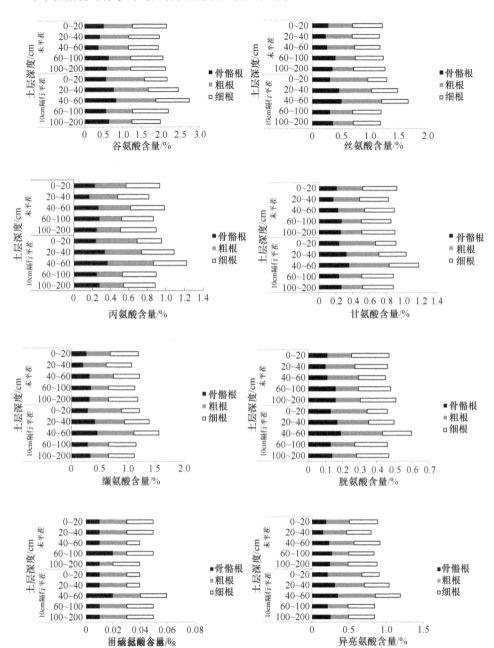

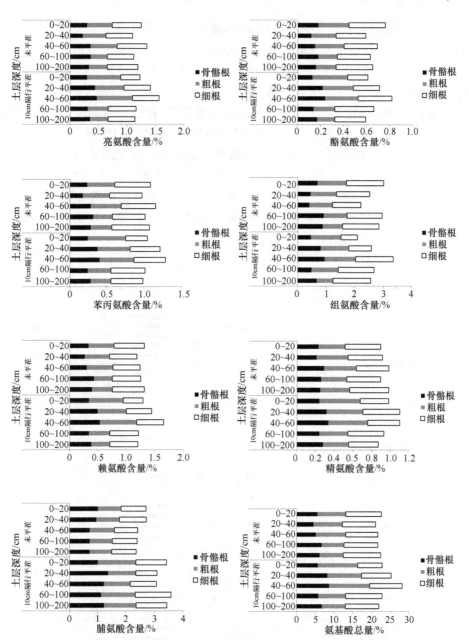

图 6-19　10cm 隔行平茬模式柠条根系各游离氨基酸含量变化

## 6.2.5　20cm 隔行平茬模式柠条锦鸡儿各径级根系游离氨基酸空间分布特征

通过对试验地 0～200cm 土层各土层各径级游离氨基酸含量进行测定,发现各土层游离氨基酸总量在各土层中的平均含量随土层深度增加基本呈现减少的趋势，具体表现为 100～200cm（22.82%）＞0～20cm（21.02%）＞20～40cm（20.21%）＞60～100cm（19.94%）＞40～60cm（18.15%）。各径级根系中游离氨基酸总量：细根（40.96%）＞粗根（31.16%）＞骨骼根（30.02%）。与未平茬模式进行比较发现，20cm 隔行平茬模式柠条各径级根系游离氨基酸含量均增加，骨骼根、粗根和细根中游离氨基酸含量分别为未平茬模式的 1.09 倍、1.16 倍、1.10 倍。

分别对比各径级根系中各游离氨基酸的含量发现，骨骼根中脯氨酸含量最多，为 5.08%；其次是天冬氨酸，为 2.96%；谷氨酸含量排第三，为 2.77%。粗根中脯氨酸含量最多，为 4.89%；其次是天冬氨酸，为 3.42%；组氨酸含量排第三，为 3.02%。细根中脯氨酸含量最多，为 4.9%；其次是天冬氨酸，为 4.62%；组氨酸含量排第三，为 4.6%(图 6-20)。

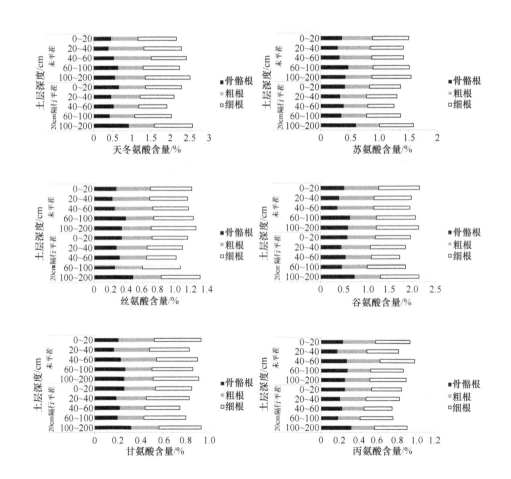

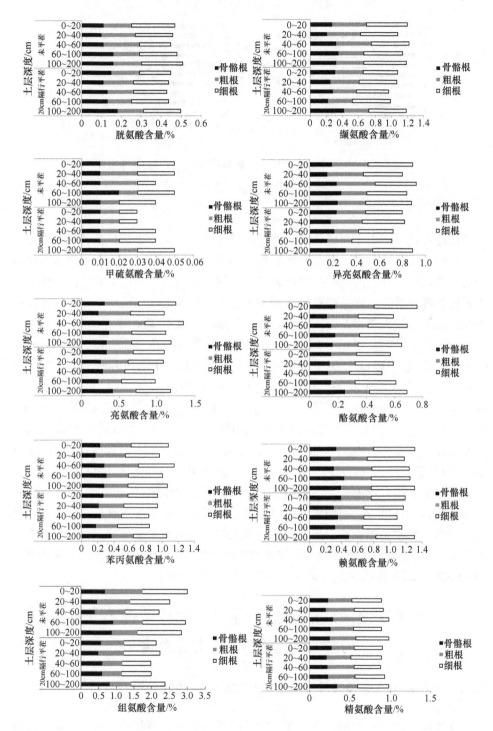

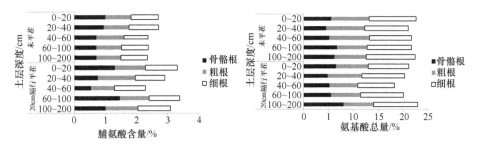

图 6-20　20cm 隔行平茬模式柠条根系各游离氨基酸含量变化

### 6.2.6　小结

通过对试验地未平茬模式和四种平茬模式 0～200cm 土层柠条各径级根系游离氨基酸含量进行测定，发现游离氨基酸的平均含量随土层深度增加基本呈现减少的趋势，且各径级游离氨基酸均表现为细根＞骨骼根＞粗根，此外，四种平茬模式柠条各径级游离氨基酸总量基本均大于未平茬模式的，四种平茬模式各径级根系游离氨基酸与未平茬模式比值如下。骨骼根，20cm 隔行平茬模式（1.08）＞10cm 全面平茬模式（1.01）＞10cm 隔行平茬模式（0.97）＞20cm 全面平茬模式（0.91）；粗根，10cm 全面平茬模式（1.32）＞20cm 全面平茬模式（1.21）＞10cm 隔行平茬模式（1.20）＞20cm 隔行平茬模式（1.16）；细根，10cm 全面平茬模式（1.23）＞20cm 全面平茬模式（1.15）＞20cm 隔行平茬模式（1.10）＞10cm 隔行平茬模式（1.07）。四种平茬模式游离氨基酸总量与未平茬模式比值为 10cm 全面平茬模式（1.182）＞20cm 全面平茬模式（1.086）＞10cm 隔行平茬模式（1.074）＞20cm 隔行平茬模式（1.065）。分别对比各径级根系中各游离氨基酸的含量发现，骨骼根中脯氨酸含量最多，平均含量为 7.04%；其次是组氨酸，平均含量为 4.55%；天冬氨酸含量排第三，平均含量为 4.44%。粗根中天冬氨酸含量最多，平均含量为 4.20%；其次是组氨酸，平均含量为 4.16%；谷氨酸含量排第三，平均含量为 3.58%。细根中脯氨酸含量最多，平均含量为 19.28%；其次是组氨酸，平均含量为 15.68%；天冬氨酸含量排第三，平均含量为 14.79%。

## 6.3　基于灰度关联法分析平茬措施对柠条锦鸡儿总根长与游离氨基酸相关性的影响

### 6.3.1　未平茬模式各径级根系游离氨基酸的灰度关联分析

在实际生产中，影响柠条平茬复壮的因素多样且关系复杂，灰度关联法是较简洁且客观的多因素分析方法，有助于寻找对柠条平茬复壮影响较显著的因素，为林业生产和深入理论研究提供基础信息。通过筛选平茬后对柠条总根长影响较显著的游离氨基酸和叶绿素荧光动力学参数，可以较客观地反映叶绿素荧光动力学参数和根系游离氨基酸对不同平茬处理的响应。

选用骨骼根总根长作为参考数据系列，采用灰度关联法对未平茬模式游离氨基酸含量和荧光参数分别进行分析。由未平茬模式骨骼根总根长与游离氨基酸的关联度排序看，甲硫氨酸关联度最大，为 0.626；其次是异亮氨酸，关联度为 0.561；关联度排第三的是丙氨酸，为 0.547。叶绿素荧光动力学参数关联度最强的为最小荧光产量（$F_o$），为 0.607（表 6-1）。

表 6-1　未平茬模式骨骼根总根长与游离氨基酸和叶绿素荧光动力学参数的灰色关联分析

| 参考因素 | 关联度 | 关联序号 | 参考因素 | 关联度 | 关联序号 |
|---|---|---|---|---|---|
| 天冬氨酸（Asp） | 0.434 | 14 | 亮氨酸（Leu） | 0.517 | 9 |
| 苏氨酸（Thr） | 0.370 | 18 | 酪氨酸（Tyr） | 0.423 | 15 |
| 丝氨酸（Ser） | 0.441 | 13 | 苯丙氨酸（Phe） | 0.536 | 7 |
| 谷氨酸（Glu） | 0.408 | 16 | 组氨酸（His） | 0.327 | 20 |
| 甘氨酸（Gly） | 0.499 | 10 | 赖氨酸（Lys） | 0.402 | 17 |
| 丙氨酸（Ala） | 0.547 | 5 | 精氨酸（Arg） | 0.475 | 12 |
| 胱氨酸（Cys） | 0.545 | 6 | 脯氨酸（Pro） | 0.349 | 19 |
| 缬氨酸（Val） | 0.486 | 11 | PS II | 0.527 | 8 |
| 甲硫氨酸（Met） | 0.626 | 1 | $F_o$ | 0.607 | 2 |
| 异亮氨酸（Ile） | 0.561 | 4 | $F_m$ | 0.584 | 3 |

选用粗根总根长作为参考数据系列，采用灰度关联法对未平茬模式游离氨基酸含量和荧光参数分别进行分析。由未平茬模式粗根总根长与游离氨基酸的关联度排序看，精氨酸关联度最大，为 0.643；其次是甲硫氨酸，关联度为 0.589；关联度排第三的是缬氨酸，为 0.574。叶绿素荧光动力学参数关联度最强的为最小荧光产量，为 0.603（表 6-2）。

表 6-2　未平茬粗根总根长与游离氨基酸和叶绿素荧光动力学参数的灰色关联分析

| 参考因素 | 关联度 | 关联序号 | 参考因素 | 关联度 | 关联序号 |
|---|---|---|---|---|---|
| 天冬氨酸（Asp） | 0.379 | 19 | 亮氨酸（Leu） | 0.491 | 15 |
| 苏氨酸（Thr） | 0.477 | 17 | 酪氨酸（Tyr） | 0.504 | 10 |
| 丝氨酸（Ser） | 0.485 | 16 | 苯丙氨酸（Phe） | 0.495 | 13 |
| 谷氨酸（Glu） | 0.410 | 18 | 组氨酸（His） | 0.345 | 20 |
| 甘氨酸（Gly） | 0.498 | 12 | 赖氨酸（Lys） | 0.493 | 14 |
| 丙氨酸（Ala） | 0.520 | 8 | 精氨酸（Arg） | 0.643 | 1 |
| 胱氨酸（Cys） | 0.550 | 7 | 脯氨酸（Pro） | 0.517 | 9 |
| 缬氨酸（Val） | 0.574 | 4 | PS II | 0.558 | 5 |
| 甲硫氨酸（Met） | 0.589 | 3 | $F_o$ | 0.603 | 2 |
| 异亮氨酸（Ile） | 0.500 | 11 | $F_m$ | 0.525 | 6 |

选用细根总根长作为参考数据系列，采用灰度关联法对未平茬模式游离氨基酸含量和荧光参数分别进行分析。由未平茬模式细根总根长与游离氨基酸的关联度排序看，苏氨酸关联度最大，为 0.672；其次是甲硫氨酸，关联度为 0.604；关联度排第三的是脯氨酸，为 0.534。叶绿素荧光动力学参数关联度最强的为最小荧光产量，为 0.632（表 6-3）。

表 6-3　未平茬细根总根长与游离氨基酸和叶绿素荧光动力学参数的灰色关联分析

| 参考因素 | 关联度 | 关联序号 | 参考因素 | 关联度 | 关联序号 |
|---|---|---|---|---|---|
| 天冬氨酸（Asp） | 0.412 | 18 | 亮氨酸（Leu） | 0.509 | 10 |
| 苏氨酸（Thr） | 0.672 | 1 | 酪氨酸（Tyr） | 0.522 | 8 |
| 丝氨酸（Ser） | 0.453 | 16 | 苯丙氨酸（Phe） | 0.501 | 11 |
| 谷氨酸（Glu） | 0.373 | 19 | 组氨酸（His） | 0.462 | 15 |
| 甘氨酸（Gly） | 0.356 | 20 | 赖氨酸（Lys） | 0.484 | 14 |
| 丙氨酸（Ala） | 0.512 | 9 | 精氨酸（Arg） | 0.493 | 13 |
| 胱氨酸（Cys） | 0.447 | 17 | 脯氨酸（Pro） | 0.534 | 5 |
| 缬氨酸（Val） | 0.497 | 12 | PSⅡ | 0.523 | 7 |
| 甲硫氨酸（Met） | 0.604 | 3 | $F_o$ | 0.632 | 2 |
| 异亮氨酸（Ile） | 0.529 | 6 | $F_m$ | 0.564 | 4 |

### 6.3.2　10cm 全面平茬模式各径级根系游离氨基酸的灰度关联分析

选用骨骼根总根长作为参考数据系列，采用灰度关联法对 10cm 全面平茬模式游离氨基酸含量和荧光参数分别进行分析。由 10cm 全面平茬模式骨骼根总根长与游离氨基酸的关联度排序看，赖氨酸关联度最大，为 0.894；其次是甘氨酸，关联度为 0.832；关联度排第三的是丙氨酸，为 0.827。叶绿素荧光动力学参数关联度最强的为最大光转换效率（PSⅡ），为 0.578（表 6-4）。

表 6-4　10cm 全面平茬模式骨骼根总根长与游离氨基酸和叶绿素荧光动力学参数的灰色关联分析

| 参考因素 | 关联度 | 关联序号 | 参考因素 | 关联度 | 关联序号 |
|---|---|---|---|---|---|
| 天冬氨酸（Asp） | 0.764 | 12 | 亮氨酸（Leu） | 0.805 | 6 |
| 苏氨酸（Thr） | 0.810 | 4 | 酪氨酸（Tyr） | 0.763 | 13 |
| 丝氨酸（Ser） | 0.807 | 5 | 苯丙氨酸（Phe） | 0.771 | 11 |
| 谷氨酸（Glu） | 0.793 | 8 | 组氨酸（His） | 0.686 | 16 |
| 甘氨酸（Gly） | 0.832 | 2 | 赖氨酸（Lys） | 0.894 | 1 |
| 丙氨酸（Ala） | 0.827 | 3 | 精氨酸（Arg） | 0.734 | 15 |
| 胱氨酸（Cys） | 0.793 | 9 | 脯氨酸（Pro） | 0.652 | 17 |
| 缬氨酸（Val） | 0.780 | 10 | PSⅡ | 0.578 | 18 |
| 甲硫氨酸（Met） | 0.750 | 14 | $F_o$ | 0.536 | 19 |
| 异亮氨酸（Ile） | 0.795 | 7 | $F_m$ | 0.516 | 20 |

选用粗根总根长作为参考数据系列，采用灰度关联法对 10cm 全面平茬模式游离氨基酸含量和荧光参数分别进行分析。由 10cm 全面平茬模式粗根总根长与游离氨基酸的关联度排序看，天冬氨酸关联度最大，为 0.693；其次是组氨酸，关联度为 0.669；关联度排第三的是甲硫氨酸，为 0.646。叶绿素荧光动力学参数关联度最强的为最小荧光产量，为 0.626（表 6-5）。

**表 6-5　10cm 全面平茬模式粗根总根长与游离氨基酸和叶绿素荧光动力学参数的灰色关联分析**

| 参考因素 | 关联度 | 关联序号 | 参考因素 | 关联度 | 关联序号 |
|---|---|---|---|---|---|
| 天冬氨酸（Asp） | 0.693 | 1 | 亮氨酸（Leu） | 0.621 | 8 |
| 苏氨酸（Thr） | 0.604 | 10 | 酪氨酸（Tyr） | 0.568 | 18 |
| 丝氨酸（Ser） | 0.599 | 14 | 苯丙氨酸（Phe） | 0.638 | 4 |
| 谷氨酸（Glu） | 0.630 | 5 | 组氨酸（His） | 0.669 | 2 |
| 甘氨酸（Gly） | 0.608 | 9 | 赖氨酸（Lys） | 0.603 | 12 |
| 丙氨酸（Ala） | 0.628 | 6 | 精氨酸（Arg） | 0.559 | 19 |
| 胱氨酸（Cys） | 0.454 | 20 | 脯氨酸（Pro） | 0.589 | 17 |
| 缬氨酸（Val） | 0.602 | 13 | PSⅡ | 0.599 | 15 |
| 甲硫氨酸（Met） | 0.646 | 3 | $F_o$ | 0.626 | 7 |
| 异亮氨酸（Ile） | 0.594 | 16 | $F_m$ | 0.604 | 11 |

选用细根总根长作为参考数据系列，采用灰度关联法对 10cm 全面平茬模式游离氨基酸含量和荧光参数分别进行分析。由 10cm 全面平茬模式细根总根长与游离氨基酸的关联度排序看，脯氨酸关联度最大，为 0.739；其次是组氨酸，关联度为 0.706；关联度排第三的是精氨酸，为 0.700。叶绿素荧光动力学参数关联度最强的为最大光转换效率，为 0.584（表 6-6）。

**表 6-6　10cm 全面平茬模式细根总根长与游离氨基酸和叶绿素荧光动力学参数的灰色关联分析**

| 参考因素 | 关联度 | 关联序号 | 参考因素 | 关联度 | 关联序号 |
|---|---|---|---|---|---|
| 天冬氨酸（Asp） | 0.620 | 14 | 亮氨酸（Leu） | 0.629 | 10 |
| 苏氨酸（Thr） | 0.673 | 4 | 酪氨酸（Tyr） | 0.614 | 15 |
| 丝氨酸（Ser） | 0.660 | 5 | 苯丙氨酸（Phe） | 0.645 | 8 |
| 谷氨酸（Glu） | 0.637 | 9 | 组氨酸（His） | 0.706 | 2 |
| 甘氨酸（Gly） | 0.629 | 12 | 赖氨酸（Lys） | 0.657 | 6 |
| 丙氨酸（Ala） | 0.657 | 7 | 精氨酸（Arg） | 0.700 | 3 |
| 胱氨酸（Cys） | 0.598 | 16 | 脯氨酸（Pro） | 0.739 | 1 |
| 缬氨酸（Val） | 0.627 | 13 | PSⅡ | 0.584 | 17 |
| 甲硫氨酸（Met） | 0.537 | 20 | $F_o$ | 0.549 | 19 |
| 异亮氨酸（Ile） | 0.629 | 11 | $F_m$ | 0.556 | 18 |

### 6.3.3 20cm 全面平茬模式各径级根系游离氨基酸的灰度关联分析

选用骨骼根总根长作为参考数据系列，采用灰度关联法对 20cm 全面平茬模式游离氨基酸含量和荧光参数分别进行分析。由 20cm 全面平茬模式骨骼根总根长与游离氨基酸的关联度排序看，组氨酸关联度最大，为 0.755；其次是酪氨酸，关联度为 0.752；关联度排第三的是苏氨酸，为 0.731。叶绿素荧光动力学参数关联度最强的为最小荧光产量，为 0.786（表 6-7）。

**表 6-7　20cm 全面平茬模式骨骼根总根长与游离氨基酸和叶绿素荧光动力学参数的灰色关联分析**

| 参考因素 | 关联度 | 关联序号 | 参考因素 | 关联度 | 关联序号 |
|---|---|---|---|---|---|
| 天冬氨酸（Asp） | 0.696 | 6 | 亮氨酸（Leu） | 0.685 | 9 |
| 苏氨酸（Thr） | 0.731 | 4 | 酪氨酸（Tyr） | 0.752 | 3 |
| 丝氨酸（Ser） | 0.695 | 7 | 苯丙氨酸（Phe） | 0.685 | 10 |
| 谷氨酸（Glu） | 0.684 | 11 | 组氨酸（His） | 0.755 | 2 |
| 甘氨酸（Gly） | 0.672 | 14 | 赖氨酸（Lys） | 0.726 | 5 |
| 丙氨酸（Ala） | 0.658 | 15 | 精氨酸（Arg） | 0.644 | 16 |
| 胱氨酸（Cys） | 0.678 | 12 | 脯氨酸（Pro） | 0.562 | 17 |
| 缬氨酸（Val） | 0.672 | 13 | PS II | 0.542 | 19 |
| 甲硫氨酸（Met） | 0.558 | 18 | $F_o$ | 0.786 | 1 |
| 异亮氨酸（Ile） | 0.688 | 8 | $F_m$ | 0.538 | 20 |

选用粗根总根长作为参考数据系列，采用灰度关联法对 20cm 全面平茬模式游离氨基酸含量和荧光参数分别进行分析。由 20cm 全面平茬模式粗根总根长与游离氨基酸的关联度排序看，酪氨酸关联度最大，为 0.732；其次是甲硫氨酸，关联度为 0.730；关联度排第三的是苏氨酸，为 0.703。叶绿素荧光动力学参数关联度最强的为最小荧光产量，为 0.832（表 6-8）。

**表 6-8　20cm 全面平茬模式粗根总根长与游离氨基酸和叶绿素荧光动力学参数的灰色关联分析**

| 参考因素 | 关联度 | 关联序号 | 参考因素 | 关联度 | 关联序号 |
|---|---|---|---|---|---|
| 天冬氨酸（Asp） | 0.693 | 6 | 亮氨酸（Leu） | 0.686 | 9 |
| 苏氨酸（Thr） | 0.703 | 4 | 酪氨酸（Tyr） | 0.732 | 2 |
| 丝氨酸（Ser） | 0.676 | 7 | 苯丙氨酸（Phe） | 0.687 | 10 |
| 谷氨酸（Glu） | 0.701 | 11 | 组氨酸（His） | 0.670 | 18 |
| 甘氨酸（Gly） | 0.719 | 14 | 赖氨酸（Lys） | 0.689 | 5 |
| 丙氨酸（Ala） | 0.685 | 15 | 精氨酸（Arg） | 0.726 | 16 |
| 胱氨酸（Cys） | 0.699 | 12 | 脯氨酸（Pro） | 0.684 | 17 |
| 缬氨酸（Val） | 0.676 | 13 | PS II | 0.464 | 19 |
| 甲硫氨酸（Met） | 0.730 | 3 | $F_o$ | 0.832 | 1 |
| 异亮氨酸（Ile） | 0.698 | 8 | $F_m$ | 0.483 | 20 |

选用细根总根长作为参考数据系列，采用灰度关联法对 20cm 全面平茬模式游离氨基酸含量和荧光参数分别进行分析。由 20cm 全面平茬模式细根总根长与游离氨基酸的关联度排序看，脯氨酸关联度最大，为 0.8443；其次是胱氨酸，关联度为 0.646；关联度排第三的是缬氨酸，为 0.644。叶绿素荧光动力学参数关联度最强的为最小荧光产量，为 0.653（表 6-9）。

表 6-9　20cm 全面平茬模式细根总根长与游离氨基酸和叶绿素荧光动力学参数的灰色关联分析

| 参考因素 | 关联度 | 关联序号 | 参考因素 | 关联度 | 关联序号 |
|---|---|---|---|---|---|
| 天冬氨酸（Asp） | 0.603 | 11 | 亮氨酸（Leu） | 0.597 | 12 |
| 苏氨酸（Thr） | 0.627 | 6 | 酪氨酸（Tyr） | 0.590 | 15 |
| 丝氨酸（Ser） | 0.603 | 10 | 苯丙氨酸（Phe） | 0.597 | 13 |
| 谷氨酸（Glu） | 0.634 | 5 | 组氨酸（His） | 0.556 | 17 |
| 甘氨酸（Gly） | 0.563 | 16 | 赖氨酸（Lys） | 0.590 | 14 |
| 丙氨酸（Ala） | 0.609 | 9 | 精氨酸（Arg） | 0.509 | 18 |
| 胱氨酸（Cys） | 0.646 | 3 | 脯氨酸（Pro） | 0.684 | 1 |
| 缬氨酸（Val） | 0.644 | 4 | PS Ⅱ | 0.460 | 19 |
| 甲硫氨酸（Met） | 0.619 | 8 | $F_o$ | 0.653 | 2 |
| 异亮氨酸（Ile） | 0.627 | 7 | $F_m$ | 0.403 | 20 |

### 6.3.4　10cm 隔行平茬模式各径级根系游离氨基酸的灰度关联分析

选用骨骼根总根长作为参考数据系列，采用灰度关联法对 10cm 隔行平茬模式游离氨基酸含量和荧光参数分别进行分析。由 10cm 隔行平茬模式骨骼根总根长与游离氨基酸的关联度排序看，甲硫氨酸关联度最大，为 0.619；其次是脯氨酸，关联度为 0.597；关联度排第三的是组氨酸，为 0.532。叶绿素荧光动力学参数关联度最强的为最小荧光产量，为 0.820（表 6-10）。

表 6-10　10cm 隔行平茬模式骨骼根总根长与游离氨基酸和叶绿素荧光动力学参数的灰色关联分析

| 参考因素 | 关联度 | 关联序号 | 参考因素 | 关联度 | 关联序号 |
|---|---|---|---|---|---|
| 天冬氨酸（Asp） | 0.515 | 12 | 亮氨酸（Leu） | 0.515 | 11 |
| 苏氨酸（Thr） | 0.500 | 18 | 酪氨酸（Tyr） | 0.523 | 5 |
| 丝氨酸（Ser） | 0.511 | 15 | 苯丙氨酸（Phe） | 0.510 | 16 |
| 谷氨酸（Glu） | 0.520 | 8 | 组氨酸（His） | 0.532 | 4 |
| 甘氨酸（Gly） | 0.514 | 14 | 赖氨酸（Lys） | 0.509 | 17 |
| 丙氨酸（Ala） | 0.521 | 7 | 精氨酸（Arg） | 0.522 | 6 |
| 胱氨酸（Cys） | 0.515 | 13 | 脯氨酸（Pro） | 0.597 | 3 |
| 缬氨酸（Val） | 0.516 | 10 | PS Ⅱ | 0.415 | 20 |
| 甲硫氨酸（Met） | 0.619 | 2 | $F_o$ | 0.820 | 1 |
| 异亮氨酸（Ile） | 0.519 | 9 | $F_m$ | 0.416 | 19 |

选用粗根总根长作为参考数据系列，采用灰度关联法对 10cm 隔行平茬模式游离氨基酸含量和荧光参数分别进行分析。由 10cm 隔行平茬模式粗根总根长与游离氨基酸的关联度排序看，脯氨酸关联度最大，为 0.687；其次是甲硫氨酸，关联度为 0.646；关联度排第三的是组氨酸，为 0.439。叶绿素荧光动力学参数关联度最强的为最小荧光产量，为 0.701（表 6-11）。

表 6-11　10cm 隔行平茬模式粗根总根长与游离氨基酸和叶绿素荧光动力学参数的灰色关联分析

| 参考因素 | 关联度 | 关联序号 | 参考因素 | 关联度 | 关联序号 |
|---|---|---|---|---|---|
| 天冬氨酸（Asp） | 0.418 | 12 | 亮氨酸（Leu） | 0.417 | 11 |
| 苏氨酸（Thr） | 0.430 | 18 | 酪氨酸（Tyr） | 0.418 | 5 |
| 丝氨酸（Ser） | 0.417 | 15 | 苯丙氨酸（Phe） | 0.420 | 16 |
| 谷氨酸（Glu） | 0.421 | 8 | 组氨酸（His） | 0.439 | 4 |
| 甘氨酸（Gly） | 0.417 | 14 | 赖氨酸（Lys） | 0.423 | 17 |
| 丙氨酸（Ala） | 0.419 | 7 | 精氨酸（Arg） | 0.419 | 6 |
| 胱氨酸（Cys） | 0.438 | 13 | 脯氨酸（Pro） | 0.687 | 2 |
| 缬氨酸（Val） | 0.421 | 10 | PSⅡ | 0.491 | 20 |
| 甲硫氨酸（Met） | 0.646 | 3 | $F_o$ | 0.701 | 1 |
| 异亮氨酸（Ile） | 0.420 | 9 | $F_m$ | 0.432 | 19 |

选用细根总根长作为参考数据系列，采用灰度关联法对 10cm 隔行平茬模式游离氨基酸含量和荧光参数分别进行分析。由 10cm 隔行平茬模式细根总根长与游离氨基酸的关联度排序看，组氨酸关联度最大，为 0.641；其次是脯氨酸，关联度为 0.633；关联度排第三的是胱氨酸，为 0.614。叶绿素荧光动力学参数关联度最强的为最小荧光产量，为 0.608（表 6-12）。

表 6-12　10cm 隔行平茬模式细根总根长与游离氨基酸和叶绿素荧光动力学参数的灰色关联分析

| 参考因素 | 关联度 | 关联序号 | 参考因素 | 关联度 | 关联序号 |
|---|---|---|---|---|---|
| 天冬氨酸（Asp） | 0.500 | 16 | 亮氨酸（Leu） | 0.519 | 13 |
| 苏氨酸（Thr） | 0.505 | 14 | 酪氨酸（Tyr） | 0.545 | 8 |
| 丝氨酸（Ser） | 0.519 | 12 | 苯丙氨酸（Phe） | 0.526 | 10 |
| 谷氨酸（Glu） | 0.489 | 18 | 组氨酸（His） | 0.641 | 1 |
| 甘氨酸（Gly） | 0.550 | 7 | 赖氨酸（Lys） | 0.558 | 6 |
| 丙氨酸（Ala） | 0.504 | 15 | 精氨酸（Arg） | 0.458 | 19 |
| 胱氨酸（Cys） | 0.614 | 3 | 脯氨酸（Pro） | 0.633 | 2 |
| 缬氨酸（Val） | 0.519 | 11 | PSⅡ | 0.495 | 17 |
| 甲硫氨酸（Met） | 0.599 | 5 | $F_o$ | 0.608 | 4 |
| 异亮氨酸（Ile） | 0.539 | 9 | $F_m$ | 0.450 | 20 |

### 6.3.5　20cm 隔行平茬模式各径级根系游离氨基酸的灰度关联分析

选用骨骼根总根长作为参考数据系列，采用灰度关联法对 20cm 隔行平茬模式游离氨基酸含量和荧光参数分别进行分析。由 20cm 隔行平茬模式骨骼根总根长与游离氨基酸的关联度排序看，组氨酸关联度最大，为 0.723；其次是甲硫氨酸，关联度为 0.702；关联度排第三的是苏氨酸，为 0.665。叶绿素荧光动力学参数关联度最强的为最小荧光产量，为 0.752（表 6-13）。

选用粗根总根长作为参考数据系列，采用灰度关联法对 20cm 隔行平茬模式游离氨基酸含量和荧光参数分别进行分析。由 20cm 隔行平茬模式粗根总根长与游离氨基酸的关联度排序看，甲硫氨酸关联度最大，为 0.807；其次是苏氨酸，关联度为 0.624；关联度排第三的是酪氨酸，为 0.596。叶绿素荧光动力学参数关联度最强的为最大荧光产量，为 0.702（表 6-14）。

**表 6-13　20cm 隔行平茬模式骨骼根总根长与游离氨基酸和叶绿素荧光动力学参数的灰色关联分析**

| 参考因素 | 关联度 | 关联序号 | 参考因素 | 关联度 | 关联序号 |
|---|---|---|---|---|---|
| 天冬氨酸（Asp） | 0.633 | 15 | 亮氨酸（Leu） | 0.624 | 17 |
| 苏氨酸（Thr） | 0.665 | 4 | 酪氨酸（Tyr） | 0.656 | 7 |
| 丝氨酸（Ser） | 0.651 | 10 | 苯丙氨酸（Phe） | 0.634 | 14 |
| 谷氨酸（Glu） | 0.664 | 5 | 组氨酸（His） | 0.723 | 2 |
| 甘氨酸（Gly） | 0.638 | 12 | 赖氨酸（Lys） | 0.653 | 8 |
| 丙氨酸（Ala） | 0.628 | 16 | 精氨酸（Arg） | 0.624 | 18 |
| 胱氨酸（Cys） | 0.659 | 6 | 脯氨酸（Pro） | 0.652 | 9 |
| 缬氨酸（Val） | 0.635 | 13 | PS II | 0.599 | 19 |
| 甲硫氨酸（Met） | 0.702 | 3 | $F_o$ | 0.752 | 1 |
| 异亮氨酸（Ile） | 0.642 | 11 | $F_m$ | 0.595 | 20 |

**表 6-14　20cm 隔行平茬模式粗根总根长与游离氨基酸和叶绿素荧光动力学参数的灰色关联分析**

| 参考因素 | 关联度 | 关联序号 | 参考因素 | 关联度 | 关联序号 |
|---|---|---|---|---|---|
| 天冬氨酸（Asp） | 0.520 | 9 | 亮氨酸（Leu） | 0.495 | 16 |
| 苏氨酸（Thr） | 0.624 | 3 | 酪氨酸（Tyr） | 0.596 | 6 |
| 丝氨酸（Ser） | 0.499 | 14 | 苯丙氨酸（Phe） | 0.502 | 13 |
| 谷氨酸（Glu） | 0.517 | 10 | 组氨酸（His） | 0.503 | 12 |
| 甘氨酸（Gly） | 0.516 | 11 | 赖氨酸（Lys） | 0.521 | 8 |
| 丙氨酸（Ala） | 0.481 | 18 | 精氨酸（Arg） | 0.466 | 20 |
| 胱氨酸（Cys） | 0.477 | 19 | 脯氨酸（Pro） | 0.592 | 7 |
| 缬氨酸（Val） | 0.491 | 17 | PS II | 0.608 | 4 |
| 甲硫氨酸（Met） | 0.807 | 1 | $F_o$ | 0.597 | 5 |
| 异亮氨酸（Ile） | 0.496 | 15 | $F_m$ | 0.702 | 2 |

选用细根总根长作为参考数据系列，采用灰度关联法对 20cm 隔行平茬模式游离氨基酸含量和荧光参数分别进行分析。由 20cm 隔行平茬模式细根总根长与游离氨基酸的关联度排序看，苏氨酸关联度最大，为 0.794；其次是丝氨酸，关联度为 0.783；关联度排第三的是精氨酸，为 0.775。叶绿素荧光动力学参数关联度最强的为最大荧光产量，为 0.640（表 6-15）。

选用总根长作为参考数据系列，采用灰度关联法对所有平茬模式游离氨基酸含量和荧光参数分别进行分析。由柠条根系总根长与游离氨基酸的关联度排序看，脯氨酸关联度最大，为 0.851；其次是精氨酸，关联度为 0.763；关联度排第三的是天冬氨酸，为 0.746。叶绿素荧光动力学参数关联度最强的为最大光转换效率，为 0.627（表 6-16）。

表 6-15　20cm 隔行平茬模式细根总根长与游离氨基酸和叶绿素荧光动力学参数的灰色关联分析

| 参考因素 | 关联度 | 关联序号 | 参考因素 | 关联度 | 关联序号 |
|---|---|---|---|---|---|
| 天冬氨酸（Asp） | 0.756 | 5 | 亮氨酸（Leu） | 0.683 | 10 |
| 苏氨酸（Thr） | 0.794 | 1 | 酪氨酸（Tyr） | 0.641 | 15 |
| 丝氨酸（Ser） | 0.783 | 2 | 苯丙氨酸（Phe） | 0.718 | 8 |
| 谷氨酸（Glu） | 0.772 | 4 | 组氨酸（His） | 0.677 | 11 |
| 甘氨酸（Gly） | 0.659 | 14 | 赖氨酸（Lys） | 0.659 | 13 |
| 丙氨酸（Ala） | 0.687 | 9 | 精氨酸（Arg） | 0.775 | 3 |
| 胱氨酸（Cys） | 0.622 | 17 | 脯氨酸（Pro） | 0.747 | 6 |
| 缬氨酸（Val） | 0.742 | 7 | PSⅡ | 0.620 | 18 |
| 甲硫氨酸（Met） | 0.591 | 19 | $F_o$ | 0.478 | 20 |
| 异亮氨酸（Ile） | 0.672 | 12 | $F_m$ | 0.640 | 16 |

表 6-16　柠条根系总根长与游离氨基酸总量和叶绿素荧光动力学参数的灰色关联分析

| 参考因素 | 关联度 | 关联序号 | 参考因素 | 关联度 | 关联序号 |
|---|---|---|---|---|---|
| 天冬氨酸（Asp） | 0.746 225 | 3 | 亮氨酸（Leu） | 0.476 164 | 20 |
| 苏氨酸（Thr） | 0.634 600 | 7 | 酪氨酸（Tyr） | 0.627 603 | 9 |
| 丝氨酸（Ser） | 0.656 329 | 5 | 苯丙氨酸（Phe） | 0.548 213 | 16 |
| 谷氨酸（Glu） | 0.570 347 | 13 | 组氨酸（His） | 0.506 222 | 18 |
| 甘氨酸（Gly） | 0.569 188 | 14 | 赖氨酸（Lys） | 0.640 419 | 6 |
| 丙氨酸（Ala） | 0.477 187 | 19 | 精氨酸（Arg） | 0.763 484 | 2 |
| 胱氨酸（Cys） | 0.659 790 | 4 | 脯氨酸（Pro） | 0.850 509 | 1 |
| 缬氨酸（Val） | 0.554 878 | 15 | PSⅡ | 0.626 651 | 10 |
| 甲硫氨酸（Met） | 0.629 250 | 8 | $F_o$ | 0.591 964 | 12 |
| 异亮氨酸（Ile） | 0.507 085 | 17 | $F_m$ | 0.595 654 | 11 |

### 6.3.6　小结

基于灰度关联法分析不同平茬模式柠条各径级根系总根长与游离氨基酸和叶绿素荧光参数的相关性，发现与未平茬模式柠条总根长关联度较大的游离氨基酸为脯氨酸、甲硫氨酸、异亮氨酸、丙氨酸、精氨酸、缬氨酸和苏氨酸；叶绿素荧光动力学参数关联度最强的为最小荧光产量。与 10cm 全面平茬模式柠条总根长关联度较大的游离氨基酸为脯氨酸、甲硫氨酸、丙氨酸、精氨酸、天冬氨酸、赖氨酸、甘氨酸、组氨酸；叶绿素荧光动力学参数关联度较强的为最大光转换效率和最小荧光产量。与 20cm 全面平茬模式柠条总根长关联度较大的游离氨基酸为脯氨酸、甲硫氨酸、组氨酸、苏氨酸、酪氨酸、胱氨酸和缬氨酸；叶绿素荧光动力学参数关联度最强的为最小荧光产量。与 10cm 隔行平茬模式柠条总根长关联度较大的游离氨基酸为脯氨酸、甲硫氨酸、组氨酸和胱氨酸；叶绿素荧光动力学参数关联度最强的为最小荧光产量。与 20cm 隔行平茬模式柠条总根长关联度较大的游离氨基酸为组氨酸、甲硫氨酸、苏氨酸、酪氨酸、精氨酸和丝氨酸；叶绿素荧光动力学参数关联度最强的为最大荧光产量和最小荧光产量。与根系总根长关联度较大的游离氨基酸为脯氨酸、精氨酸和天冬氨酸；叶绿素荧光动力学参数关联度最强的为最大光转换效率。

基于灰度关联法分析各径级根系总根长与游离氨基酸和叶绿素荧光参数的相关性，发现与柠条骨骼根总根长关联度较大的游离氨基酸为脯氨酸、甲硫氨酸、丙氨酸、异亮氨酸、组氨酸、苏氨酸、赖氨酸、甘氨酸、酪氨酸；叶绿素荧光动力学参数关联度最强的为最大光转换效率。与柠条粗根总根长关联度较大的游离氨基酸为脯氨酸、精氨酸、甲硫氨酸、组氨酸、天冬氨酸、苏氨酸、缬氨酸、酪氨酸；叶绿素荧光动力学参数关联度最强的为最小荧光产量。与柠条细根总根长关联度较大的游离氨基酸为脯氨酸、苏氨酸、甲硫氨酸、组氨酸、精氨酸、胱氨酸、丝氨酸、缬氨酸；叶绿素荧光动力学参数关联度最强的为最小荧光产量、最大光转换效率。

# 第7章　平茬措施对柠条锦鸡儿细根
# 动态生理生态特征的影响

## 7.1　平茬措施对柠条锦鸡儿细根动态生长特征的影响

### 7.1.1　柠条锦鸡儿不同序级细根生长变化特征

细根生理功能的差异性不仅受到自身内部结构的影响，而且与其外部形态有紧密的关联，许多研究表明，即使小于 2mm 的细根，如果处于不同的分枝等级，其形态生理功能也会存在较大的差异。为进一步研究平茬后柠条不同序级细根的生长变化情况，本研究对平茬和对照组柠条不同序级细根的直径及根长进行测定并对比分析，具体如下。

#### 7.1.1.1　柠条不同序级细根直径变化特征

通过对平茬和对照组柠条不同序级的细根直径分析，发现其均表现为随根序等级的升高而增大，根序越大，根序直径也越大，开始增长缓慢，后期增长较快，如图 7-1 所示。但平茬后的柠条总变化速率相对较快，由平均直径 0.2mm 增长到 1.37mm，对照组柠条的平均直径由 0.16mm 增长到 1.19mm。对于不同序级的细根平均直径，平茬后的柠条只有第 4 级细根直径小于对照组的细根直径，其余不同序级的细根直径均大于对照组的柠条。其中相差最大的为 5 级根，相差 0.2mm，其次是 6 级根和 2 级根，分别相差 0.18mm、0.14mm。

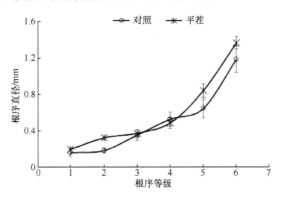

图 7-1　不同处理方式柠条各序级细根平均直径变化

由表 7-1、表 7-2 可知，柠条平茬后，3 级根和 6 级根与其他序级细根直径之间的差异均显著（$P<0.05$），1 级根与 2 级根、4 级根与 5 级根差异不显著（$P>0.05$）；对于对照组的柠条根系，1 级根和 6 级根均与其他序级细根直径差异显著（$P<0.05$），2 级根与 3 级根、4 级根与 5 级根差异不明显。对比不同措施下的柠条根系发现，只有 2 级根的直径差异显著（$P<0.05$），其余不同序级细根直径差异均不显著（$P>0.05$），总体来讲，其差异达到极显著水平（$P<0.001$）。

表 7-1　不同措施下柠条不同序级细根直径显著性分析

| 措施 | 1 | 2 | 3 | 4 | 5 | 6 |
|---|---|---|---|---|---|---|
| 平茬 | d | d | c | b | b | a |
| 对照 | d | c | c | b | b | a |

注：表中相同字母表示无显著性差异（$P>0.05$），不同字母表示显著性差异（$P<0.05$）

表 7-2　不同措施下柠条不同序级细根直径方差分析

| 变异来源 | df | 平方和 | 均方 | $F$ 值 | 显著性 |
|---|---|---|---|---|---|
| 组间 | 11 | 5.10 | 0.46 | 93.89 | <0.0001 |
| 组内 | 24 | 0.11 | 0.00 | | |
| 总数 | 35 | 5.21 | | | |

### 7.1.1.2　柠条不同序级细根根长变化特征

细根的长度是表征细根生产和损失的主要指标之一，并且在微根管测量研究细根中应用较多（Bai et al., 2005）。通过对平茬和对照组柠条不同序级细根根长分析（图 7-2），发现其不同序级细根根长均随着根序等级的升高而增大，1 级根根长最小，6 级根根长最大，其中平茬后柠条不同序级的细根长度范围为 0.24～8.78cm，而对照组柠条不同序级细根根长范围是 0.87～8.03cm，这与柠条不同序级细根平均直径的总体变化规律一致，但其增长速率的变化相反，表现为先快速增长后缓慢增长的趋势。整体上，平茬后的柠条，其变化速率较快，1 级根根长略低于对照组柠条，随着根序等级的增加其他序级细根根长逐渐超过对照组柠条细根根长。其中 1 级根和 3 级根的细根长度表现为对照组柠条高于平茬柠条，其他序级细根的根长均表现为平茬后细根根长大于对照组柠条，其中相差最大的为 6 级根，相差 0.75cm，相差最小的为 2 级根，相差 0.04cm。

根据表 7-3、表 7-4 可知，平茬后柠条的 3 级根与其他序级细根根长之间差异达到显著水平（$P<0.05$），平茬后柠条的 4 级根与 1 级、2 级、3 级、6 级细根根

长之间差异达到显著水平，但是 1 级根和 2 级根差异不明显，5 级根与 4 级根、6 级根差异也不显著（$P > 0.05$）；对照组柠条的 3 级根、4 级根与其他序级细根根长之间差异均显著（$P < 0.05$）。对于不同措施条件下，柠条的同一序级细根根长之间差异均不显著（$P > 0.05$），但是整体上，不同措施下柠条不同序级细根根长之间的差异达到极显著水平（$P < 0.001$）。

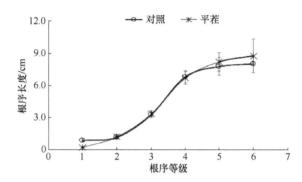

图 7-2　不同措施下柠条不同序级细根根长变化

表 7-3　不同措施下柠条不同序级细根根长显著性分析

| 措施 | 1 | 2 | 3 | 4 | 5 | 6 |
|---|---|---|---|---|---|---|
| 平茬 | d | d | c | b | ab | a |
| 对照 | d | d | c | b | a | a |

注：表中相同字母表示无显著性差异（$P > 0.05$），不同字母表示显著性差异（$P < 0.05$）

表 7-4　不同措施下柠条细根根序长度方差分析

| 变异来源 | df | 平方和 | 均方 | $F$ 值 | 显著性 |
|---|---|---|---|---|---|
| 组间 | 11 | 363.48 | 33.04 | 84.63 | <0.0001 |
| 组内 | 24 | 9.37 | 0.39 | | |
| 总数 | 35 | 372.85 | | | |

### 7.1.2　柠条锦鸡儿细根现存量变化特征

细根的现存量（RLD）是决定根系吸收水分、养分能力的重要指标，本研究通过对 4～10 月平茬与对照组柠条 0～100cm（0～20cm、20～40cm、40～60cm、60～80cm、80～100cm）各土层柠条细根现存量的测量，对柠条细根整体现存量的时空变化进行对比分析，具体如下。

#### 7.1.2.1　不同措施下不同月份柠条细根总 RLD 变化

通过对不同措施下不同月份柠条细根 RLD 变化进行分析，可以看出平茬后柠条细根总 RLD 明显大于对照组柠条细根总 RLD，但平茬与对照组柠条根系现存量均随时间推移呈单峰型变化（图 7-3）。（对照与平茬）在生长初期细根总 RLD 快速增大到达峰值，随后随时间推移逐渐减小。不同措施下柠条细根总 RLD 最大值均出现在 7 月，分别为 9.54mm/cm³、17.23mm/cm³，增加了 80.61%，最小值出现在 4 月，分别为 3.11mm/cm³、4.79mm/cm³，增加了 54.02%，这与柠条在不同生长时期的生长特性有密切联系。根据平茬后柠条相对于对照组柠条后增幅变化规律，发现增长幅度较大的是 9 月和 8 月，分别增长了 90.31%、89.74%，可能是因为 7 月降水量的增加，促进了柠条根系 8 月与 9 月的生长，并且随时间推移经平茬的柠条细根总 RLD 的增加速率明显高于对照组柠条。方差分析结果表明，不同措施下柠条细根 RLD 在相同月份之间的差异均不显著（$P>0.05$），对于平茬后柠条细根 RLD 在 4 月与 6 月、7 月差异显著（$P<0.05$），与其他月份之间差异均不显著（$P>0.05$），而对照组柠条细根 RLD 在不同月份之间差异均不显著（$P>0.05$）。

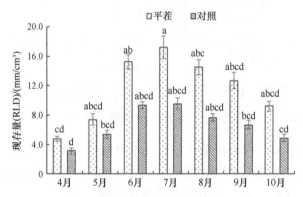

图 7-3　不同措施下不同月份柠条细根现存量变化

图中相同字母表示无显著性差异（$P>0.05$），不同字母表示显著性差异（$P<0.05$）；下同

### 7.1.2.2　不同措施下不同土层柠条细根总现存量变化

如图 7-4 所示，通过对不同措施下柠条细根总 RLD 在不同土层深度垂直方向上的变化分析，可知不同措施下柠条细根总 RLD 随土层深度的增加均表现出逐渐减小的趋势，最大值均出现在 0~20cm 土层，分别是 3.20mm/cm³、4.06mm/cm³，平茬较对照增加了 26.88%；其次是 20~40cm 土层，分别是 2.11mm/cm²、3.22mm/cm²，增加了 52.61%，最小值出现在 80~100cm 土层，分别是 0.10mm/cm²、0.73mm/cm²，增加了 630.00%，这可能与研究区各土层的土壤资源异质性有关。但平茬后不同土层深度的柠条细根总 RLD 均大于对照组柠条，且主要的现存量都集中于 0~20cm 与 20~40cm 土层，说明平茬措施可以有效地增加深层土壤细根的现存量，而对照组柠条主要是浅层分布，深层土壤分布占比很小。方差分析表明，在相同土层不

同措施条件下，20~40cm、40~60cm、60~80cm 土层细根总存量达到显著差异（$P<0.05$）；平茬措施下，0~20cm 土层细根总 RLD 与 20~40cm 土层细根总 RLD 差异不显著（$P>0.05$），与其他不同深度土层细根总 RLD 之间差异显著（$P<0.05$），20~40cm 与其他不同深度土层细根总 RLD 表现出同样的差异性，40~60cm 与 60~80cm 土层细根总 RLD 和 60~80cm 与 80~100cm 土层细根总 RLD 差异均不显著（$P>0.05$）。

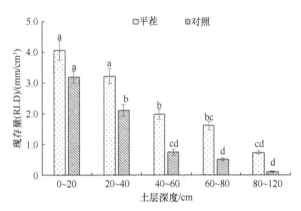

图 7-4　不同措施下不同土层深度柠条细根现存量变化

### 7.1.2.3　不同措施下各月份不同土层柠条细根现存量变化

通过对平茬和对照柠条林在 4~10 月不同土层深度细根 RLD 的变化进行分析，可知两种不同措施下的柠条细根 RLD 在 0~100cm（0~20cm、20~40cm、40~60cm、60~80cm、80~100cm）各土层深度均呈现出单峰型的变化，在生长前期（4~6 月）快速生长，生长中期（7~8 月）达到峰值，随后逐渐减小，与不同月份柠条细根总 RLD 的变化规律一致（图 7-5，图 7-6，表 7-5）从平茬和对照柠条各土层的细根 RLD 在生长季不同月份的变化看，4 月其值均为最小，0~100cm 土层中对照组柠条细根 RLD 分别为 1.65mm/cm³、0.89mm/cm³、0.32mm/cm³、0.21mm/cm³、0.04mm/cm³，平茬柠条细根 RLD 分别为 1.97mm/cm³、1.15mm/cm³、0.75mm/cm³、0.62mm/cm³、0.30mm/cm³，分别增加了 19.39%、29.21%、134.38%、195.24%、650.00%；平茬柠条林各土层的细根 RLD 在不同月份的最大值均出现在 7 月，分别为 5.76mm/cm³、4.83mm/cm³、3.06mm/cm³、2.55mm/cm³、1.03mm/cm³，但对照组柠条细根 RLD 的最大值则有所差异，集中于 6~8 月，其中 40~60cm 土层和 80~100cm 土层的最大值出现在 6 月，分别为 1.17mm/cm³、0.18mm/cm³，而 60~80cm 土层的最大值出现在 8 月，为 0.72mm/cm³，其余土层的最大值均出现在 7 月，这与柠条在不同时期的生长状况及外部环境有一定关系。平茬和对照柠条在整个生长季各月份0~100cm 土层垂直方向的细根RLD均表现出随土层的加深而减小的趋势，0～20cm 土层最大，20～40cm 土层次之，最小值在 80～100cm 土层，但是平茬后各土层柠条细根 RLD 均明显高于对照组柠条，特别是 40～100cm 土层范围内的细根现存量明显增加，说明对照组柠条细根主要分布在土壤浅层（0～40cm），深层土壤分布占比很小，而平茬措施可以有效增加深层土壤细根数量。

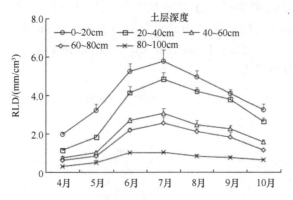

图 7-5　平茬柠条不同土层深度细根现存量变化

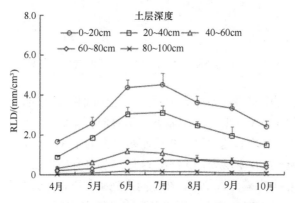

图 7-6　对照组柠条不同土层深度细根现存量变化

表 7-5　不同处理方式柠条根长密度显著性分析

| 变异来源 | df | 平方和 | 均方 | F 值 | 显著性 |
| --- | --- | --- | --- | --- | --- |
| 组间 | 13 | 48.76 | 3.75 | 1.99 | 0.0391 |
| 组内 | 56 | 105.69 | 1.88 | | |
| 总数 | 69 | 154.45 | | | |

### 7.1.3　柠条锦鸡儿细根生长速率变化特征

柠条细根生长速率（RLDgr）是表征土壤中单位时间内单位空间中柠条细根

生长量的指标。图 7-7 显示了不同月份之间不同措施下柠条细根在 0～100cm 土层生长速率的变化，本试验采样 7 次，得到柠条细根 RLDgr 数据 6 份。由图 7-7 可知，对照与平茬后的柠条在不同月份间细根 RLDgr 均表现为单峰型，随着月份的增加而先增加后减少，达到峰值以前，柠条细根 RLDgr 增长较快，达到峰值以后，RLDgr 开始逐渐变小，这说明细根的生长主要集中在生长季前期。在 6～7 月细根 RLDgr 达到最高值，平茬与对照的细根 RLDgr 分别为 1.38mm/(cm³·d)、0.79mm/(cm³·d)，9～10 月为最小值，分别为 0.35mm/(cm³·d)、0.28mm/(cm³·d)，这与柠条处于生长季的前后期有直接的关系。

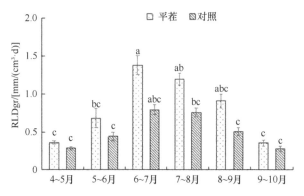

图 7-7　不同措施下不同月份柠条细根生长速率变化

平茬后柠条细根 RLDgr 明显大于对照组柠条细根 RLDgr，而且在各时间段，平茬后柠条细根 RLDgr 的增加速率显著大于对照柠条细根 RLDgr。从不同月份之间柠条细根 RLDgr 的增长速率看，增长速率最大的是 8～9 月和 6～7 月，平茬相对于对照分别增长了 78.75%、74.14%，这与柠条自身的生长规律，以及气候降雨等的变化有关。根据方差分析结果，在不同措施条件下，柠条细根 RLDgr 在 4～10 月的差异不显著（$P>0.05$）。而对于平茬后柠条细根 RLDgr，6～7 月的柠条细根 RLDgr 与 4～5 月、5～6 月、9～10 月的柠条细根 RLDgr 之间差异达到显著水平（$P<0.05$），其他月份之间差异不显著（$P>0.05$）。

通过对不同措施条件下整个生长季柠条细根 RLDgr 在不同土层深度垂直方向上的变化进行分析，发现整个生长季平茬后的柠条细根 RLDgr 随着土层的加深而逐渐减小，表层土壤（0～40cm）的柠条细根 RLDgr 最大，分别为 0.25mm/(cm³·d)、0.24mm/(cm³·d)；80～100cm 土层的柠条细根 RLDgr 最小，为 0.06mm/(cm³·d)。而对照柠条细根 RLDgr 随着土层的加深表现为减小—增大—减小的趋势，在 0～60cm 土层处减小，60～80cm 增大，80～100cm 又减小。对照组柠条细根 RLDgr 最大值仍在表层土壤（0～20cm），为 0.17mm/(cm³·d)；最小值在 80～100cm 土层，为 0.008mm/(cm³·d)（图 7-8）。由方差分析可知，对于平茬后的柠条，其细根 RLDgr

在 0～20cm 和 20～40cm 土层柠条细根 RLDgr 之间差异不显著（P＞0.05），但是均与 60～80cm、80～100cm 土层柠条细根 RLDgr 之间的差异达到显著水平（P＜0.05），40～60cm 和 80～100cm 土层柠条细根 RLDgr 之间的差异也达到显著水平（P＜0.05）。对于对照组柠条，在 0～20cm 和 20～40cm 土层其细根 RLDgr 差异不显著（P＞0.05），0～20cm 和 20～40cm 土层细根 RLDgr 均与 40～60cm、80～100cm 土层柠条细根 RLDgr 之间的差异达到显著水平（P＜0.05），且 60～80cm 和 80～100cm 土层柠条细根 RLDgr 之间的差异也达到显著水平（P＜0.05）。

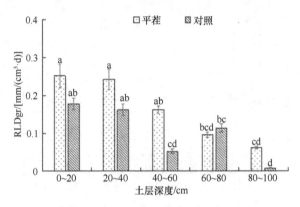

图 7-8　不同措施下不同土层柠条细根生长速率变化

对比整个生长季不同深度土层柠条细根 RLDgr，仅在 60～80cm 土层，对照柠条细根 RLDgr 大于平茬柠条，其他土层均表现为平茬柠条细根 RLDgr 大于对照组，这也许与不同土层土壤理化性质有关。结合前文的分析，平茬使得深层土壤细根现存量有所增加，现存量的增加必然需要更多的水分及养分，从而使得生长速率有所减小。总体来看，柠条细根 RLDgr 在浅层土壤（0～40cm）最大，而且对柠条进行平茬在一定程度上可以提高柠条的生长速率，促进深层根系的生长，根据方差分析（表 7-6）可知，不同措施下柠条细根生长速率整体达到显著差异（P=0.0012）。

表 7-6　不同措施下柠条细根生长速率方差分析

| 变异来源 | df | 平方和 | 均方 | F 值 | 显著性 |
| --- | --- | --- | --- | --- | --- |
| 组间 | 11 | 0.28 | 0.02 | 3.49 | 0.0012 |
| 组内 | 48 | 0.35 | 0.00 | | |
| 总数 | 59 | 0.63 | | | |

### 7.1.4　柠条锦鸡儿细根死亡速率变化特征

细根死亡速率（RLDdr）表示单位时间单位土壤体积内细根的死亡量。不同措施下柠条细根死亡速率在 0～100cm 土层内的动态变化过程如图 7-9 所示，在柠条生长季内，平茬与对照组的柠条细根 RLDdr 均随月份的增加而增加，且平茬后的柠条细根死亡率均高于同一时期对照的柠条细根死亡率，但同一时期内平茬与对照组之间差异不显著（$P>0.05$）。在生长季初期（4～5 月），柠条根系中新生根和死亡根已达到相对稳定的状态，而生长初期的根系代谢速率慢，新生根少，因此细根死亡速率也低；当柠条进入生长旺季后，新生根量增加，根系代谢速率加快，死亡速率也同时加快。

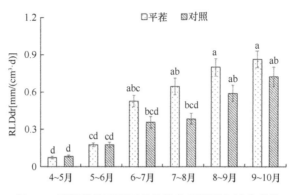

图 7-9　不同措施下不同月份柠条细根死亡速率变化

根据不同措施下不同土层柠条细根死亡速率的动态变化过程，可知平茬与对照组柠条细根 RLDdr 均随土层深度的增加整体呈现先增高再降低的趋势（对照80～100cm 土层除外），并且除 0～20cm 土层外，其余土层平茬柠条的细根死亡速率高于同一土层对照组柠条细根死亡速率，但在同一土层内平茬与对照组之间的差异不显著（$P>0.05$）（图 7-10）。平茬后的柠条细根 RLDgr 在 0～100cm 垂直空间内差异并不显著（$P>0.05$），而对照组的柠条在 0～40cm 的细根死亡速率显著高于 60～80cm（$P<0.05$）。在土壤表层 0～40cm，受气象和人为因素等条件影响，柠条细根死亡速率较高，随着土层深度增加，受人为破坏和气候影响逐渐减小，死亡速率也整体呈降低趋势。经方差检验（表 7-7），平茬后的柠条细根死亡速率在时间梯度，以及空间垂直分布中差异整体显著（$P<0.0001$），因此，平茬措施有助于柠条根系的代谢发育和生长。

### 7.1.5　柠条锦鸡儿细根生死之比变化特征

由图 7-11 可知，在柠条生长季内，平茬与对照柠条细根的生死之比（Rgd）均随月份增加整体呈降低趋势，但同一时期内平茬与对照之间的 Rgd 差异并不显著（$P>0.05$）。在生长季内，平茬柠条细根的 Rgd 均大于对照处理，说明在生长初期平茬后的柠条细根生长较对照组柠条根系更迅速，根长密度也更大，而对照组柠条细根生长缓慢，积累的根量较少，导致对照组 Rgd 小于平茬后柠条的 Rgd。在 8～9 月，平茬柠条 Rgd 值接近于 1，其生长量约等于死亡量，而对照柠条细根 Rgd 值小于 1，说明其死亡量大于生长量，由此表明，平茬和对照柠条细根整体上都是一个以生长占优势的动态过程，但平茬柠条生长的时间更长。

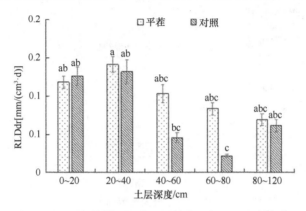

图 7-10　不同措施下不同土层柠条细根死亡速率变化

表 7-7　不同措施下柠条细根死亡速率方差分析

| 变异来源 | df | 平方和 | 均方 | $F$ 值 | 显著性 |
|---|---|---|---|---|---|
| 组间 | 11 | 0.17 | 0.01 | 5.37 | ＜0.0001 |
| 组内 | 48 | 0.14 | 0.00 | | |
| 总数 | 59 | 0.31 | | | |

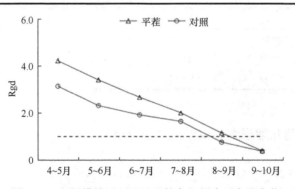

图 7-11　不同措施下不同月份柠条细根生死之比变化

图 7-12 显示了不同措施条件下柠条细根的生死之比在 0～100cm 土层内的垂直分布状况。由图可知，平茬与对照组的柠条生死之比均随土层深度的增加整体呈降低的趋势，且平茬后柠条细根的生死之比均高于同一土层对照柠条细根的生

死之比,尤其在 0~20cm,平茬和对照的生死之比已经达到了显著水平($P<0.05$),而 20~100cm 同一土层平茬与对照组之间差异不明显。平茬柠条细根在 0~20cm 内的生死之比与其他土层(20~40cm 除外)差异不显著($P>0.05$),而对照组柠条在 80~100cm 土层的 Rgd 与其他土层之间具有显著性差异($P<0.05$),对照组其余各土层之间有差异但不明显($P>0.05$)。80~100cm 土层内平茬的生死之比大于 1,而对照组小于 1。

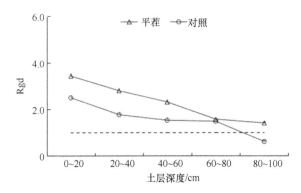

图 7-12　不同措施下不同土层柠条细根生死之比变化

总体方差分析显示(表 7-8),平茬后的柠条细根生死之比的时间、空间分布差异极显著($P<0.0001$)。因此,柠条细根的生长趋势表现为随土层深度增加,细根生长缓慢,而且平茬后的柠条细根较对照的柠条细根生长更迅速,生长量更大。

表 7-8　不同措施下柠条细根生死之比方差分析

| 变异来源 | df | 平方和 | 均方 | F 值 | 显著性 |
| --- | --- | --- | --- | --- | --- |
| 组间 | 11 | 85.08 | 7.73 | 6.90 | <0.0001 |
| 组内 | 48 | 53.83 | 1.12 | | |
| 总数 | 59 | 138.91 | | | |

### 7.1.6　柠条锦鸡儿细根生长指标相关性分析

对不同措施条件下柠条细根生长状况进行相关性分析,结果可知(表 7-9),现存量、生长速率、死亡速率和生死之比各指标两两之间均呈现正相关关系,其中现存量与生长速率、生死之比的相关性达到极显著水平($P<0.01$),其相关系数分别高达 0.939 和 0.929;生长速率与死亡速率、生死之比也达到显著性相关,相关系数均为 0.84 以上($P<0.05$),而死亡速率与生死之比之间虽然相关系数达到了 0.545,但两者之间相关性不显著($P>0.05$)。这说明对现存量影响最明显的是生长速率和生死之比，生长速率增加，柠条细根生长量加大，可供柠条吸收水肥的通道增多，有利于柠条的生长发育。

表 7-9 柠条细根生长量相关性分析

| 指标 | 现存量 | 生长速率 | 死亡速率 | 生死之比 |
|---|---|---|---|---|
| 现存量 | 1.000 | | | |
| 生长速率 | 0.939** | 1.000 | | |
| 死亡速率 | 0.757 | 0.843* | 1.000 | |
| 生死之比 | 0.929** | 0.894* | 0.545 | 1.000 |

*和**分别表示各指标在 0.05 和 0.01 水平下相关性显著，下同

## 7.2 平茬措施对柠条锦鸡儿细根动态生理特征的影响

### 7.2.1 平茬措施对柠条锦鸡儿细根活力的影响

细根活力主要表示细根代谢的强弱，与植株的生命力息息相关，决定作物的产量，细根活力的大小不仅与植物的生长状况有关，而且还受到周围土壤因子及外界环境的影响，根系活力越高，其代谢越旺盛，植物生长得越好。

通过对不同措施条件下柠条细根活力变化进行分析（图 7-13），可知平茬和对照组柠条在生长旺盛期（6~8 月），其细根活力均表现为平茬柠条大于对照组柠条，并随时间的推移，均呈递减的趋势，平茬柠条细根活力在 6 月、7 月、8 月分别为 196.53μg/(g·h)、171.98μg/(g·h)、154.65μg/(g·h)；对照组柠条细根活力分别为 170.86μg/(g·h)、94.25μg/(g·h)、55.38μg/(g·h)，平茬与对照之间呈极显著差异（$P<0.01$）。

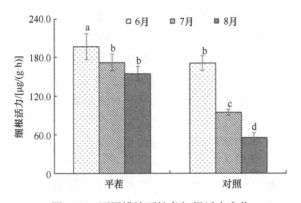

图 7-13 不同措施下柠条细根活力变化

平茬柠条细根活力虽然呈下降趋势，但下降度幅度相对较小，而对照组柠条细根活力下降幅度较大。细根对于环境因子的变化极为敏感，细根活力下降代表着细根走向衰老死亡，由方差分析表 7-10 可知，对于平茬柠条，其 6 月细根活力与 7 月、8 月的细根活力差异显著（$P<0.05$），而 7 月与 8 月细根活力差异不显著（$P>0.05$）；而对于对照组柠条，从同一月份不同措施条件来看，在 6~8 月的差异均达到显著水平（$P<0.05$）。

表 7-10　不同措施下柠条细根活力方差分析

| 变异来源 | df | 平方和 | 均方 | F 值 | 显著性 |
|---|---|---|---|---|---|
| 组间 | 5 | 43 914.010 | 8 782.80 | 58.45 | <0.000 1 |
| 组内 | 12 | 1 803.025 | 150.25 | | |
| 总数 | 17 | 45 717.035 | | | |

根据不同措施条件下柠条细根活力变化幅度来看，平茬后柠条细根活力在 7 月和 8 月下降幅度分别为 12.5%、10.1%，但是对照组柠条细根活力在 7 月和 8 月下降幅度分别达 44.8%、41.2%，这与当地的环境有直接的关联，在生长旺盛期，气温正处于上升期，太阳辐射强烈，土壤水分蒸发强烈，地上部分需要大量的水分来维持正常的生理生态功能，此时土壤中的水分处于极度亏缺状态，而且研究区处于农牧交错带，降水极少，土壤水分得不到及时补充，细根受到严重的干旱胁迫，从图 7-13 中可以看出平茬措施能够有效维持细根活力，使其发挥正常的功能。

### 7.2.2　平茬措施对柠条锦鸡儿细根脯氨酸含量的影响

脯氨酸作为植物体内的一种渗透调节物质，维持植物体内渗透压、酶活性，以及蛋白质的稳定，具有较强的水合能力，是细胞的一种防脱水剂（王小华和庄南生，2008）。有研究表明，植物体内脯氨酸含量与土壤含水量呈负相关关系，当植物受到干旱胁迫时，其体内脯氨酸含量会迅速升高，帮助植物维持正常的渗透压，提高植物组织水势，保证其正常生长发育（陈托兄等，2006）。图 7-14 显示了在生长旺盛期平茬与对照柠条细根脯氨酸含量的变化，由图可知，两种不同措施条件下柠条细根脯氨酸含量随时间的推移逐渐升高。平茬柠条细根脯氨酸含量保持相对稳定、缓慢的增长幅度，约为 10%，而对照组柠条细根脯氨酸含量则呈现先缓慢增长后快速增长的趋势，7 月增幅为 9.4%，8 月增幅达到 29.8%。方差分析结果表明，平茬后柠条细根脯氨酸含量在 6 月和 8 月差异不显著（$P>0.05$）；对照柠条细根脯氨酸含量在 6 月和 7 月之间差异不显著（$P>0.05$），但 6 月、7 月与 8 月柠条细根脯氨酸含量之间的差异达到显著水平（$P<0.05$）。

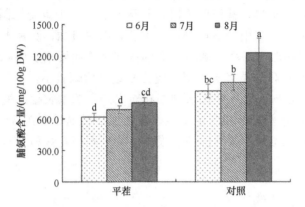

图 7-14　不同措施下柠条细根脯氨酸含量变化

对比同一月份不同措施条件下柠条细根脯氨酸含量，可以发现，平茬后柠条细根脯氨酸含量均低于对照组柠条，并随着时间的推移，其差值逐渐增大，6～8月两种措施条件下的柠条细根脯氨酸含量相差依次为 245mg/100g DW、257mg/100g DW、474mg/100g DW。由方差分析可知，6～8 月各月的柠条细根脯氨酸含量在平茬和对照两种措施条件之间的差异均达到显著水平（$P<0.05$）。根据前人的研究，这可能与研究区土壤含水量及地区的水热条件有关，6～8 月该地区高温少雨，地表温度高，蒸发量大，土壤含水量降低，加之对照组相比平茬后的柠条，其枝、叶较多，植物蒸腾作用旺盛，耗水量大，植物为了适应干旱的生长环境，产生较多的脯氨酸来帮助植物维持体内正常的渗透压，促进其生长发育，但是过量的脯氨酸对于植物生长存在一定的负效应。整体上（表 7-11），平茬柠条和对照柠条细根脯氨酸含量之间的差异达到极显著水平（$P<0.0001$）。

表 7-11　不同措施下柠条细根脯氨酸方差分析

| 变异来源 | df | 平方和 | 均方 | $F$ 值 | 显著性 |
|---|---|---|---|---|---|
| 组间 | 5 | 722 270.94 | 144 454.18 | 27.09 | <0.000 1 |
| 组内 | 12 | 63 982.66 | 5 331.88 | | |
| 总数 | 17 | 786 253.60 | | | |

### 7.2.3　平茬措施对柠条锦鸡儿细根膜透性的影响

植物细根相对电导率的大小是表征根系膜透性的重要指标，可以较好地反映细胞膜受损及细胞衰老程度。植物细胞内和细胞间物质的交换主要受细胞膜调节，当细胞膜受损时，细胞中的营养物质容易渗出而流失，当细胞受到外界环境的高温、低温、干旱、盐渍胁迫时，膜透性随之发生改变。图 7-15 显示了不同措施条件下柠条细根相对电导率的变化，由图可知，两种不同抚育管理措施下，柠条细根相对电导率均随着时间的推移呈现缓慢增长的趋势，但是平茬柠条林，其细根相对电导率增长幅度较为稳定且增幅较小，7 月和 8 月的增幅分别为 15.7%、6.2%，而对照柠条细根相对电导率的增长幅度变化较大，分别为 6.9%、28%。方差分析表明，平茬柠条细根相对电导率在 6～8 月各月份的差异不显著（$P>0.05$），对照柠条细根相对电导率在 6 月和 8 月之间的差异性明显。

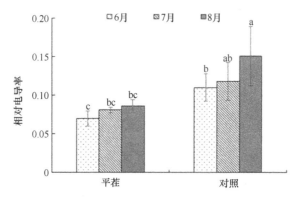

图 7-15　不同措施下柠条细根相对电导率变化

对比分析相同月份不同措施条件下的柠条细根相对电导率，可以发现，在 6～8 月，对照柠条细根相对电导率均大于平茬柠条细根相对电导率。方差分析表明，在 6 月和 8 月，平茬和对照柠条细根相对电导率之间差异显著（$P<0.05$），6 月、8 月与 7 月的差异均不显著（$P>0.05$）。整体上，不同措施条件下柠条细根相对电导率之间的差异达到极显著水平（$P=0.0045$）（表 7-12），这说明对照柠条细根的衰老死亡程度大于平茬柠条。

表 7-12　不同措施下柠条细根相对电导率方差分析

| 变异来源 | df | 平方和 | 均方 | $F$ 值 | 显著性 |
|---|---|---|---|---|---|
| 组间 | 5 | 0.01 | 0.0027 | 6.22 | 0.0045 |
| 组内 | 12 | 0.005 | 0.0004 | | |
| 总数 | 17 | 0.015 | | | |

#### 7.2.4　平茬措施对柠条锦鸡儿细根可溶性蛋白的影响

正常生长条件下，细胞内的蛋白质均维持在一个相对稳定的状态，可溶性蛋白作为植物体内的蛋白质之一，影响着植物体内细胞的新陈代谢与酶活性，可以有效地提高细胞的保水能力，增加其抗旱能力。图 7-16 显示了不同措施条件下柠条细根可溶性蛋白在生长季中期的变化，由图可以看出，平茬与对照组柠条细根可溶性蛋白均随时间的推移呈现递减的趋势，6 月最高，分别为 3.53mg/g、5.19mg/g，8 月最低，分别为 1.87mg/g、1.32mg/g。但对照组柠条细根可溶性蛋白下降幅度明显大于平茬柠条，平茬柠条细根可溶性蛋白在 7 月和 8 月的下降幅度分别为 42.3%、8.2%，而对照组柠条细根可溶性蛋白在 7 月和 8 月的下降幅度分别为 59.6%、37.1%，约是平茬柠条的 1.4 倍、4.5 倍。由方差分析可知，平茬后 6 月柠条细根可溶性蛋白与 7 月、8 月之间的差异显著（$P<0.05$），而 7 月和 8 月柠条细根可溶性蛋白差异不显著（$P>0.05$）；对照组柠条细根中可溶性蛋白的差异性表现出与平茬柠条相同的变化规律。这与研究区的土壤含水量及降雨等因素有直接的关系，该地区干旱少雨，地表蒸发强烈，6 月土壤中的含水量处于一个相对较高的状态，此时柠条细根处于轻度干旱胁迫，轻度干旱胁迫有利于细根中可溶性蛋白的合成，而在 7 月、8 月，地上部分进入旺盛生长阶段，土壤水分得不到及时补充，柠条细根受到重度干旱胁迫，导致蛋白质合成能力减弱。

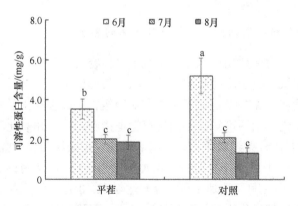

图 7-16　不同措施下柠条细根可溶性蛋白含量变化

对比相同月份不同措施条件下的柠条细根可溶性蛋白，发现 6 月和 7 月对照组柠条细根可溶性蛋白高于平茬柠条，但是 8 月平茬柠条的可溶性蛋白略高于对照组。方差分析表明，6 月平茬与对照组柠条细根可溶性蛋白之间的差异显著（$P<$ 0.05＝，而 7 月和 8 月平茬与对照组之间差异不显著（$P>0.05$）。6 月，属于柠条开花结果期，其生长发育需要更多的水分和养分，在此期间，对照组柠条的蒸腾作用与光合作用均大于平茬柠条，故而植物需合成较多的可溶性蛋白来调节自身的代谢，确保其能够健康生长。总体上，不同措施条件下柠条细根可溶性蛋白之间的差异达到极显著水平（$P<0.0001$）（表 7-13），说明平茬措施可以有效地降低植物自身的蒸腾速率，减少水分的消耗，使植物体内的蛋白质、酶等调节物质维持在一个相对稳定的水平，保证植物的正常代谢。

表 7-13　不同措施下柠条细根可溶性蛋白方差分析

| 变异来源 | df | 平方和 | 均方 | F 值 | 显著性 |
|---|---|---|---|---|---|
| 组间 | 5 | 30.88 | 6.17 | 27.19 | <0.0001 |
| 组内 | 12 | 2.72 | 0.22 | | |
| 总数 | 17 | 33.60 | | | |

### 7.2.5　平茬措施对柠条锦鸡儿细根抗氧化酶活性的影响

植物在自身生长代谢过程中或外界环境变化的影响下，体内会产生大量的活性氧，这类物质的积累会对植物生长发育产生严重的阻碍和毒害作用。而植物抗氧化酶系统主要包括过氧化物酶、超氧化物歧化酶、过氧化氢酶，主要是帮助植物清除和抵御活性氧，当受到外界环境胁迫时，能够稳定发挥其生理功能，维持植物的正常生长。

#### 7.2.5.1　平茬措施对柠条细根超氧化物歧化酶的影响

超氧化物歧化酶在植物抗氧化酶系统中是植物抗氧化的第一道防线，细胞中产生的多余的超氧阴离子均能够被有效清除，帮助植物适应外界环境的改变，维持正常的生理功能。图 7-17 对比了平茬和对照组柠条细根在生长季中期超氧化物歧化酶活性的变化，由图可知，不同抚育管理措施对柠条超氧化物歧化酶活性的影响有差异，平茬后柠条超氧化物歧化酶活性随月份表现为先升高后降低的趋势，呈现单峰型，6～7 月属于上升阶段，增加幅度为 30.8%，7 月活性达到最高，为 63.19μg/(g·min)，而 8 月又快速下降，降幅达 35%，8 月最低，为 41.08μg/(g·min)；而对照组柠条细根超氧化物歧化酶活性随月份呈现稳定持续升高的趋势，6～8 月增幅均为 38.10%，8 月达到最高值，为 54.57μg/(g·min)，但其值仍低于平茬后柠条的最高值。方差分析表明，平茬处理后，7 月柠条细根超氧化物歧化酶活性与 6 月、8 月之间的差异显著（$P<0.05$），而 6 月和 8 月柠条细根超氧化物歧化酶活性之间的差异不显著（$P>0.05$），对照组柠条细根超氧化物歧化酶活性表现为 8 月和 6 月之间的差异显著（$P<0.05$），而 6 月和 7 月之间的差异不显著（$P>0.05$）。

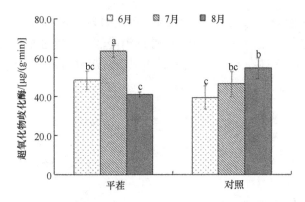

图 7-17　不同措施下柠条细根超氧化物歧化酶活性变化

对比相同月份不同措施条件下柠条细根超氧化物歧化酶活性，发现在 6 月、7 月，平茬后柠条超氧化物歧化酶活性均高于对照组柠条，但 8 月平茬柠条的超氧化物歧化酶活性略低于对照组。方差分析表明，6 月，平茬和对照组柠条细根超氧化物歧化酶活性之间的差异不显著（$P > 0.05$），7 月和 8 月，两种处理方式下柠条细根超氧化物歧化酶活性之间的差异达到显著水平（$P < 0.05$），说明平茬措施在一定程度上可以提高植物的抗逆性及适应环境的能力。总体来讲，柠条细根超氧化物歧化酶活性在不同处理方式下的变化差异达到极显著水平（$P=0.0005$）（表 7-14）。

表 7-14　不同措施下柠条细根超氧化物歧化酶活性方差分析

| 变异来源 | df | 平方和 | 均方 | $F$ 值 | 显著性 |
| --- | --- | --- | --- | --- | --- |
| 组间 | 5 | 1175.99 | 235.19 | 10.18 | 0.0005 |
| 组内 | 12 | 277.36 | 23.11 | | |
| 总数 | 17 | 1453.35 | | | |

### 7.2.5.2　平茬措施对柠条细根过氧化物酶的影响

作为表征植物细胞组织老化生理指标之一的过氧化物酶，是柠条体内活性较高的一种酶。通过对比分析不同处理方式柠条细根内这种酶活性的差异，如图 7-18 所示，可以看出柠条经过平茬处理后过氧化物酶活性随时间的推移缓慢增大，其变化范围为 16.75～23.45μg/(g·min)，7 月和 8 月的增加幅度分别为 5%、33.2%，说明柠条细根在生长中期通过逐渐增加体内过氧化物酶来提高自身应对干旱胁迫的能力。而对照组柠条细根过氧化物酶活性变化则相反，随时间的推移，对照组柠条细根过氧化物酶活性逐渐降低，其变化范围为 32.47～58.22μg/(g·min)，7 月和 8 月的下降幅度分别为 22.3%、28.2%，可能因为在 6~8 月，随着干旱程度的加剧，对照组柠条细根内过氧化物酶活性逐渐降低。方差分析表明，平茬后的柠条细根过氧化物酶活性在 6~8 月的差异不显著（$P>0.05$），而对照组柠条在 6~8 月的差异均达到显著水平（$P<0.05$）。

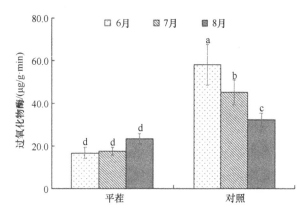

图 7-18 不同措施下柠条细根过氧化物酶活性变化

根据表 7-15，对比分析相同月份不同措施条件下柠条细根过氧化物酶活性，可知对照组柠条细根过氧化物酶活性均远大于平茬柠条细根过氧化物酶活性，并且两者差异达到极显著水平（$P<0.0001$）。在 6~8 月，对照组柠条细根过氧化物酶活性分别是平茬柠条细根过氧化物酶活性的 3.47 倍、2.57 倍、1.39 倍，这说明对照组柠条根系受到的干旱胁迫程度相对较大。

表 7-15 不同措施下柠条细根过氧化物酶活性方差分析

| 变异来源 | df | 平方和 | 均方 | $F$ 值 | 显著性 |
| --- | --- | --- | --- | --- | --- |
| 组间 | 5 | 4125.36 | 825.07 | 32.60 | <0.0001 |
| 组内 | 12 | 303.74 | 25.31 | | |
| 总数 | 17 | 4429.10 | | | |

### 7.2.5.3 平茬措施对柠条细根过氧化氢酶的影响

植物体内主要清除过氧化物的清除剂是过氧化氢酶，它能够将植物细根中有害的过氧化氢分解为水和氧气，有效地控制活性氧积累，进而保护细根的活力。图 7-19 显示了不同措施条件下柠条细根过氧化氢酶活性变化，由图可知，平茬后柠条细根该酶活性随月份的推移呈单峰型变化，6~7 月呈上升趋势，增幅约 31.23%，7~8 月快速下降，降幅达 45.23%，而对照组柠条细根该酶活性随时间的推移持续升高,变化范围在 24.11～47.56μg/(g·min),7 月和 8 月的增幅依次为 52.4%、29.4%,整体表现为与超氧化物歧化酶同样的变化规律。由方差分析可知,平茬和对照组柠条细根过氧化氢酶活性在 6～8 月的差异均达到显著水平(P<0.05)。

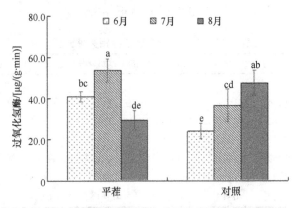

图 7-19 不同措施下柠条细根过氧化氢酶活性变化

对比相同月份不同措施条件下柠条细根过氧化氢酶活性变化情况可知,在 6 月和 7 月,对照组柠条细根过氧化氢酶活性均小于平茬柠条,分别低 41.1%、31.6%;而 8 月则相反,对照组柠条细根过氧化氢酶活性高于平茬柠条,约 38.14%。方差分析表明,不同措施条件下柠条细根过氧化氢酶活性在 6～8 月的差异均达到显著水平(P<0.05)。整体上,如表 7-16 所示,对于不同处理方式下柠条细根过氧化氢酶活性差异达到极显著水平(P=0.0002)。

表 7-16 不同措施下柠条细根过氧化氢酶活性方差分析

| 变异来源 | df | 平方和 | 均方 | F 值 | 显著性 |
| --- | --- | --- | --- | --- | --- |
| 组间 | 5 | 1835.64 | 367.12 | 12.90 | 0.0002 |
| 组内 | 12 | 341.54 | 28.46 | | |
| 总数 | 17 | 2177.18 | | | |

### 7.2.6 柠条锦鸡儿细根生理指标相关性分析

植物根系的生理生化是一个复杂的系统,各个指标并不是单独存在,它们之间有一定的相互关系,相互影响、制约,因此,通过各指标的相关分析,对各指标之间的影响程度可以进一步了解。如表 7-17 所示,对柠条细根生理特征指标进行相关性分析,细根活力与过氧化物酶、脯氨酸均达到 0.840 以上的显著性负相关（$P<0.05$）；相对电导率与可溶性蛋白、过氧化物酶、脯氨酸均达到了 0.867 及以上的显著性正相关（$P<0.05$），其中与过氧化物酶呈 0.950 的极显著相关（$P<0.01$），超氧化物歧化酶除与过氧化氢酶达到了 0.966 的极显著正相关外，与其他各指标的相关性均不显著（$P>0.05$）；各指标之间相关性最强的为过氧化物酶和脯氨酸，两者之间达到了 0.998 的极显著正相关。

表 7-17　柠条细根生理指标相关性分析

| 指标 | 细根活力 | 相对电导率 | 可溶性蛋白 | 超氧化物歧化酶 | 过氧化物酶 | 过氧化氢酶 | 脯氨酸 |
|---|---|---|---|---|---|---|---|
| 细根活力 | 1 | | | | | | |
| 相对电导率 | −0.694 | 1 | | | | | |
| 可溶性蛋白 | −0.280 | 0.867* | 1 | | | | |
| 超氧化物歧化酶 | 0.645 | 0.093 | 0.498 | 1 | | | |
| 过氧化物酶 | −0.869* | 0.950** | 0.717 | −0.212 | 1 | | |
| 过氧化氢酶 | 0.717 | −0.005 | 0.443 | 0.966** | −0.289 | 1 | |
| 脯氨酸 | −0.840* | 0.963** | 0.755 | −0.161 | 0.998** | −0.235 | 1 |

## 7.3　柠条锦鸡儿细根动态生理生态特征综合分析

植物生长发育是一个复杂又系统的过程，根系生长发育更为复杂，单一的指标并不能很地反映根系生长状况是否良好，本书利用隶属函数法和主成分分析法两种综合分析方法对平茬措施下柠条根系的生长发育进行综合评判。

### 7.3.1　隶属函数法分析

如表 7-18 所示，用隶属函数法评价平茬对柠条细根生长影响的结果，平茬后隶属函数值（0.51）大于对照组的隶属函数值（0.48），即虽然平茬与对照组柠条根系各指标变化情况不一致，但是平茬后柠条根系整体生长状况优于对照组，更有益于柠条细根生长。

表 7-18　柠条细根特征指标的隶属函数法综合评价

| 处理 | $X_1$ | $X_2$ | $X_3$ | $X_4$ | $X_5$ | $X_6$ | $X_7$ | $X_8$ | $X_9$ | $X_{10}$ | $X_{11}$ | $X_{12}$ | $X_{13}$ | 均值 |
|---|---|---|---|---|---|---|---|---|---|---|---|---|---|---|
| 平茬 | 0.49 | 0.53 | 0.50 | 0.49 | 0.47 | 0.49 | 0.52 | 0.51 | 0.42 | 0.53 | 0.63 | 0.54 | 0.48 | 0.51 |
| 对照 | 0.55 | 0.45 | 0.49 | 0.44 | 0.49 | 0.52 | 0.50 | 0.43 | 0.50 | 0.52 | 0.62 | 0.36 | 0.42 | 0.48 |

注：$X_1 \sim X_{13}$ 分别表示细根活力、相对电导率、可溶性蛋白、超氧化物歧化酶、过氧化物酶、过氧化氢酶、脯氨酸、根序直径、根序长度、现存量、生长速率、死亡速率、生死之比；后同

## 7.3.2　主成分分析法分析

由平茬和对照不同条件下柠条细根特征指标的特征值及贡献率（表 7-19）可知，第一、二主成分已经提供了 94.40% 的相关信息，大于 80%，而剩余的 11 个主成分仅仅提供了不到 6.00% 的信息。

表 7-19　柠条细根特征指标的特征值和贡献率

| 主成分 | 特征值（$\lambda_i$） | 贡献率/% | 累积贡献率/% |
|---|---|---|---|
| 1 | 7.48 | 57.57 | 57.57 |
| 2 | 4.79 | 36.84 | 94.40 |
| 3 | 0.54 | 4.16 | 98.56 |
| 4 | 0.16 | 1.22 | 99.78 |
| 5 | 0.03 | 0.22 | 100.00 |
| 6 | 0.00 | 0.00 | 100.00 |
| 7 | 0.00 | 0.00 | 100.00 |
| 8 | 0.00 | 0.00 | 100.00 |
| 9 | 0.00 | 0.00 | 100.00 |
| 10 | 0.00 | 0.00 | 100.00 |
| 11 | 0.00 | 0.00 | 100.00 |
| 12 | 0.00 | 0.00 | 100.00 |
| 13 | 0.00 | 0.00 | 100.00 |

因此，用第一主成分和第二主成分继续进行分析。

第一主成分模型

$$F_1=-1.2747X_1+2.5933X_2+2.6589X_3+0.9273X_4+2.2951X_5+0.7304X_6+2.3689X_7+0.3118X_8+1.6139X_9-2.6562X_{10}-2.689X_{11}-2.1528X_{12}-2.5878X_{13}$$

第二主成分模型

$$F_2=1.9301X_1-0.6062X_2+0.407X_3+2.0177X_4-1.1883X_5+2.0833X_6-1.0876X_7+2.1512X_8+1.5669X_9-0.4552X_{10}+0.0503X_{11}-0.5668X_{12}+0.2451X_{13}$$

综合主成分模型

$$F=-0.0241X_1+1.3448X_2+1.7802X_3+1.3528X_4+0.9358X_5+1.2583X_6+1.0201X_7+1.0296X_8+1.5956X_9-1.7973X_{10}-1.6201X_{11}-1.5339X_{12}-1.4823X_{13}$$

根据各主成分模型计算其主成分值（表 7-20），然后排序，排序越靠前，效果越好。由表 7-21 中主成分排序可知，第一主成分主要解释了平茬的信息，第二主成分主要解释了对照组的信息，综合主成分表现为平茬大于对照，说明平茬对柠条根系的生长发育更有利。

表 7-20　柠条细根特征指标的主成分载荷

| 指标 | 主成分 1 | 主成分 2 |
|------|---------|---------|
| $X_1$ | −0.47 | 0.88 |
| $X_2$ | 0.95 | −0.28 |
| $X_3$ | 0.97 | 0.19 |
| $X_4$ | 0.34 | 0.92 |
| $X_5$ | 0.84 | −0.54 |
| $X_6$ | 0.27 | 0.95 |
| $X_7$ | 0.87 | −0.50 |
| $X_8$ | 0.11 | 0.98 |
| $X_9$ | 0.59 | 0.72 |
| $X_{10}$ | −0.97 | −0.21 |
| $X_{11}$ | −0.98 | 0.02 |
| $X_{12}$ | −0.79 | −0.26 |
| $X_{13}$ | −0.95 | 0.11 |

表 7-21　柠条细根特征指标的综合主成分值

| 措施 | 第一主成分 | 排序 | 第二主成分 | 排序 | 综合主成分 | 排序 |
|------|-----------|------|-----------|------|-----------|------|
| 平茬 | 12.44 | 1 | −7.11 | 2 | 4.81 | 1 |
| 对照 | −11.93 | 2 | 7.30 | 1 | −4.43 | 2 |

# 第8章 平茬措施对柠条锦鸡儿根系与土壤水分特征的影响

## 8.1 平茬措施对柠条锦鸡儿根系形态指标空间分布的影响

不同平茬处理的柠条锦鸡儿总根长垂直空间分布特征如图 8-1 所示。随土层深度的增加,不同径级的柠条锦鸡儿总根长总体呈逐渐减少的趋势。具体表现为,在 0～60cm 土层内,柠条锦鸡儿总根长随着土层深度的增加而逐渐减少,40～60cm 土层下降速率相对较快,60～80cm 土层处又逐渐升高,之后又逐渐下降。如图 8-1(c)所示,20～40cm 土层细根、粗根、骨骼根总根长相对于 0～20cm 土层的下降比率分别为 15.70%、22.65%、9.85%;40～60cm 土层细根、粗根、骨骼根总根长相对于 0～20cm 土层的下降比率分别为 37.75%、53.85%、23.57%;60～80cm 土层细根、粗根、骨骼根总根长相对于 0～20cm 土层的下降比率分别为 23.43%、43.73%、11.41%;80～100cm 土层细根、粗根、骨骼根总根长相对于 0～20cm 土层的下降比率分别为 39.97%、70.61%、49.76%。

三种不同平茬处理相对于 CK 的总根长均表现出较好的生长能力。CK 在 0～40cm 土层处,细根、粗根和骨骼根总根长占总土层深度总根长的比例分别为 23.83%、9.02%和 4.84%;在 180～200cm 土层处,不同径级总根长达最小值,细根、粗跟和骨骼根总根长占总土层深度总根长的比例分别为 0.57%、粗根为 0.12%和 0.081%。0cm 平茬处理的柠条锦鸡儿在 0～40cm 土层处的细根、粗根、骨骼根总根长占总土层深度总根长的比例分别为 24.47%、8.70%和 4.82%;在 180～200cm 土层处的细根、粗根、骨骼根总根长占总土层深度总根长的比例分别为 0.74%、0.20%和 0.093%。10cm 平茬处理的柠条锦鸡儿在 0～40cm 土层处的细根、粗根、骨骼根总根长占总土层深度总根长的比例分别为 24.76%、8.47%和 4.86%;在 180～200cm 土层处的细根、粗根、骨骼根总根长占总土层深度总根长的比例分别为 0.80%、0.25%和 0.10%。20cm 平茬处理的柠条锦鸡儿在 0～40cm 土层处的细根、粗根、骨骼根总根长占总土层深度总根长的比例分别为 24.59%、8.82%和 4.80%;在 180～200cm 土层处的细根、粗根、骨骼根总根长占总土层深度总根长的比例分别为 0.64%、0.16%和 0.089%。

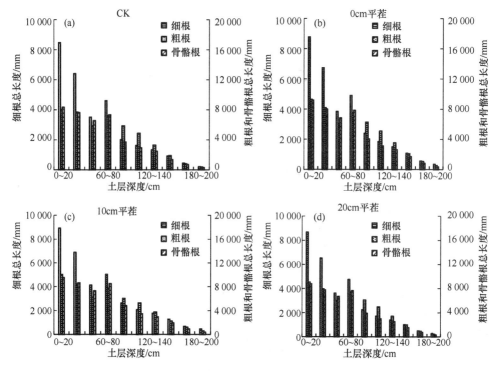

图 8-1 不同平茬处理对柠条锦鸡儿总根长垂直空间分布的影响

在土层 0～40cm 处,10cm 平茬处理的柠条锦鸡儿各径级总根长分别较 CK、0cm 平茬处理及 20cm 平茬处理的值要大,具体表现:10cm 平茬处理的柠条锦鸡儿细根、粗根、骨骼根分别是 CK 的 1.18 倍、1.06 倍、1.14 倍,10cm 平茬处理的柠条锦鸡儿细根、粗根、骨骼根分别是 0cm 平茬处理的 1.06 倍、1.02 倍、1.06 倍,10cm 平茬处理的柠条锦鸡儿细根、粗根、骨骼根分别是 20cm 平茬处理的 1.09 倍、1.04 倍、1.10 倍。在土层 180～200cm 处,同样表现出如上所述的规律,具体表现:10cm 平茬处理的柠条锦鸡儿各径级总根长分别是 CK、0cm 平茬处理及 20cm 平茬处理细根的 1.61 倍、1.13 倍、1.36 倍,粗的 2.29 倍、1.31 倍、1.62 倍及骨骼根的 1.27 倍、1.12 倍、1.21 倍。对比分析结果显示,不同处理的柠条锦鸡儿不同径级总根长在垂直方向上的顺序为 10cm 平茬＞0cm 平茬＞20cm 平茬＞CK。

不同处理的柠条锦鸡儿不同径级总根长随水平距离的增加呈逐渐减小的趋势(图 8-2)。距植株基部 0～40cm 处,CK 的细根、粗根、骨骼根总根长占总土层深度总根长的比例分别为 25.59%、8.97%、5.15%;180～200cm 土层处,不同径级总根长达最小值,各径级根系所占比例分别表现为细根 0.48%、粗根 0.13%、骨骼根 0.071%。0cm 平茬处理的柠条锦鸡儿总根长在 0～40cm 土层处表现为细根、粗根、骨骼根占总土层深度总根长的比例分别为 25.93%、8.78%、4.86%; 在 180~200cm 土层处,该比例分别为 0.62%、0.16%、0.092%。10cm 平茬处理的柠条锦鸡儿在 0~40cm 土层和 180~200cm 土层处,细根、粗根、骨骼根总根长占总土层深度总根长的比例分别为 25.04%、8.52%、4.70% 和 0.84%、0.26%、0.10%。同理分析得出,对于 20cm 平茬处理的柠条锦鸡儿,细根、粗根、骨骼根占总土层深度总根长的比例表现为 0~40cm 土层处的 26.29%、8.75%、4.97% 和 180~200cm 土层处的 0.56%、0.14%、0.083%。

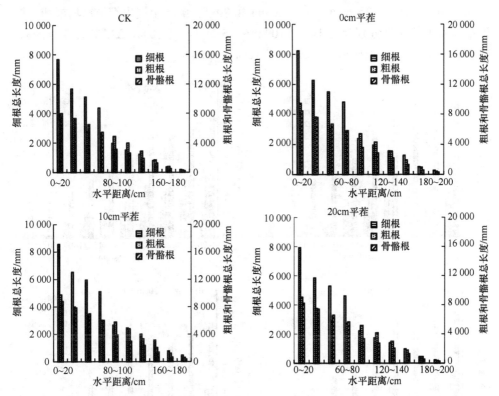

图 8-2　不同平茬处理对柠条锦鸡儿总根长水平空间分布的影响

　　在土层 0~40cm 处,10cm 处理的柠条锦鸡儿各径级总根长分别较 CK、0cm 平茬处理及 20cm 平茬处理的值要大,具体表现:10cm 平茬处理的柠条锦鸡儿细根、粗根、骨骼根分别是 CK 的 1.17 倍、1.13 倍、1.09 倍,10cm 平茬处理的柠条锦鸡儿细根、粗根、骨骼根分别是 0cm 平茬处理的 1.04 倍、1.03 倍、1.05 倍,10cm 平茬处理的柠条锦鸡儿细根、粗根、骨骼根分别是 20cm 平茬处理的 1.07 倍、1.10 倍、1.06 倍。在土层 180~200cm 处,同样表现出如上所述的规律,具体表现:10cm 平茬处理的柠条锦鸡儿各径级总根长分别是 CK、0cm 平茬处理及 20cm

平茬处理细根的 2.09 倍、1.47 倍、1.70 倍，粗根的 2.48 倍、1.76 倍、2.13 倍及骨骼根的 1.71 倍、1.20 倍、1.39 倍。对比分析结果显示，不同处理的柠条锦鸡儿不同径级总根长在水平方向上的顺序为 10cm 平茬＞0cm 平茬＞20cm 平茬＞CK。

由图 8-3 可见，在垂直空间分布中，随着土层深度的增加，不同径级的柠条锦鸡儿根体积总体呈逐渐减少的趋势。具体表现为在 0～60cm 土层内，柠条锦鸡儿根体积随着土层深度的增加而逐渐减少，40～60cm 土层下降速率相对较快，在 60～80cm 土层又逐渐升高，之后又逐渐下降。如图 8-3（c）所示，相对于 0～20cm 土层，20～40cm、40～60cm、60～80cm 和 80～100cm 土层内细根、粗根和骨骼根根体积下降比例分别为 6.14%、10.80%、5.21%、15.50%、22.73%、15.63%、6.73%、13.07%、6.25% 和 37.72%、47.16%、26.04%。

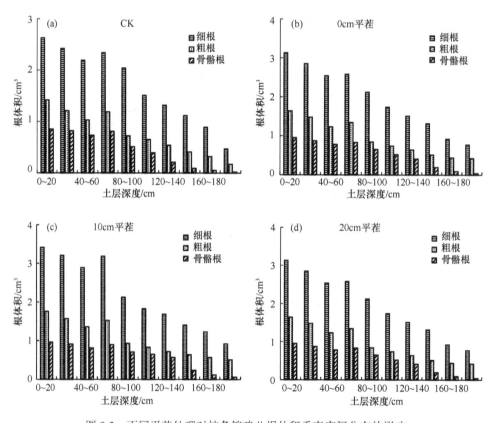

图 8-3　不同平茬处理对柠条锦鸡儿根体积垂直空间分布的影响

细根、粗根、骨骼根的根体积在土层中的分布规律相似，主要分布在 0～40cm 土层，所占比例分别为 17.37%、9.05% 和 5.74%，而 180～200cm 土层中所占比例较少，分别占 1.62%、0.58% 和 0.069%。0cm 平茬处理的柠条锦鸡儿总根系根体积为 34.08cm³, 细根所占比例最高, 为 57.13%, 其次为粗根, 所占比例为 27.23%, 骨骼根所占比例最小, 为 15.64%。10cm 平茬处理的柠条锦鸡儿总根系根体积为 38.27cm³, 不同径级根系体积差异明显, 其中细根所占比例最高, 为 57.28%, 粗根和骨骼根所占比例分别为 27.23% 和 15.49%。20cm 平茬处理的柠条锦鸡儿细根、粗根、骨骼根占总根系根体积(31.61cm³)的比例分别为 57.39%、27.17%、15.44%。

土层 0~40cm 处, 10cm 平茬处理的柠条锦鸡儿各径级根体积分别较 CK、0cm 平茬处理及 20cm 平茬处理的值要大, 具体表现为 10cm 平茬处理的柠条锦鸡儿细根、粗根、骨骼根分别是 CK、0cm 平茬处理及 20cm 平茬处理的 1.31 倍、1.27 倍、1.12 倍, 1.11 倍、1.07 倍、1.03 倍和 1.17 倍、1.13 倍、1.07 倍。土层 180~200cm 处, 同样表现出上述规律, 具体表现为 10cm 平茬处理的柠条锦鸡儿各径级根体积分别是 CK、0cm 平茬处理及 20cm 平茬处理细根的 1.96 倍、1.19 倍、1.33 倍, 粗根的 3.00 倍、1.21 倍、1.59 倍及骨骼根的 3.01 倍、1.50 倍、2.00 倍。对比分析结果显示, 不同处理的柠条锦鸡儿不同径级根体积在垂直方向上的顺序为 10cm 平茬>0cm 平茬>20cm 平茬>CK。

不同平茬处理的柠条锦鸡儿根体积水平空间分布特征如图 8-4 所示, 不同平

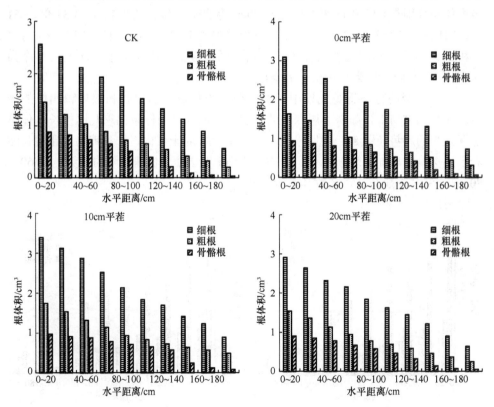

图 8-4　不同平茬处理对柠条锦鸡儿根体积水平空间分布的影响

茬处理的柠条锦鸡儿不同径级根体积随水平距离的增加呈逐渐减小的趋势。细根、粗根、骨骼根在土层中的分布规律基本相似，0～40cm 土层处，分别占该土层根系根体积的 17.53%、9.55%和 6.11%，而 180～200cm 土层中所占比例较少，分别占 2.01%、0.72%和 0.11%。0cm 平茬处理的柠条锦鸡儿总根系根体积为 33.02cm³，细根所占比例最高，约为 57.42%，其次为粗根，所占比例为 26.68%，骨骼根所占比例最小，为 15.89%。10cm 平茬处理的柠条锦鸡儿总根系根体积为 36.91cm³，其中细根所占比例最高，约为 57.13%，其次为粗根，所占比例为 26.86%，骨骼根所占比例最小，为 16.02%。20cm 平茬处理的柠条锦鸡儿总根系根体积为 30.60cm³，细根所占比例最高，约为 57.77%，其次为粗根，所占比例为 26.47%，骨骼根所占比例最小，为 15.75%。

土层 0～40cm 处，10cm 平茬处理的柠条锦鸡儿各径级根体积分别较 CK、0cm 平茬处理及 20cm 平茬处理的值要大，具体表现为 10cm 平茬处理的柠条锦鸡儿细根、粗根、骨骼根分别是 CK、0cm 平茬处理及 20cm 平茬处理的 1.13 倍、1.18 倍、1.13 倍，1.04 倍、1.06 倍、1.07 倍和 1.10 倍、1.12 倍、1.11 倍。在土层 180～200cm 处，同样表现出上述规律，具体表现为 10cm 平茬处理的柠条锦鸡儿各径级根体积分别是 CK、0cm 平茬处理及 20cm 平茬处理细根的 1.59 倍、1.31 倍、1.51 倍，粗根的 1.70 倍、1.21 倍、1.31 倍及骨骼根的 1.67 倍、1.25 倍、1.65 倍。对比分析结果显示，不同处理的柠条锦鸡儿不同径级根体积在水平方向上的顺序为 10cm 平茬＞0cm 平茬＞20cm 平茬＞CK。

不同径级的柠条锦鸡儿比根长空间分布表现出与总根长和根体积相似的规律。在垂直方向上，随着土层深度的增加，不同径级的柠条锦鸡儿比根长总体呈逐渐减少的趋势（图 8-5）。具体表现为在 0～60cm 土层内，柠条锦鸡儿比根长随着土层深度的增加而逐渐减少，在 40～60cm 土层处呈极速下降的趋势，在 60～80cm 土层又逐渐升高，之后又逐渐下降。

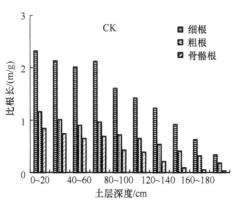
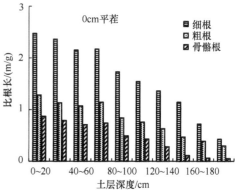

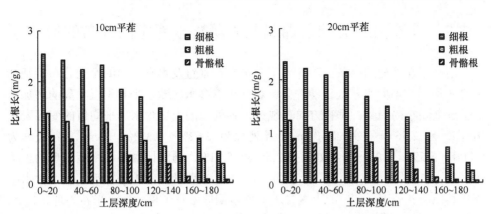

图 8-5　不同平茬处理对柠条锦鸡儿比根长垂直空间分布的影响

在水平方向上，不同处理的柠条锦鸡儿不同径级比根长随水平距离的增加呈逐渐减小的趋势（图 8-6）。综合分析得出，不同处理的柠条锦鸡儿不同径级比根长在垂直和水平方向上均表现为 10cm 平茬＞0cm 平茬＞20cm 平茬＞CK。

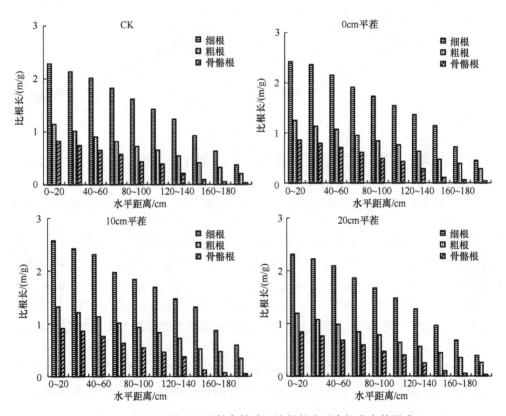

图 8-6　不同平茬处理对柠条锦鸡儿比根长水平空间分布的影响

## 8.2　平茬措施对柠条锦鸡儿土壤含水率空间分布的影响

不同平茬处理的柠条锦鸡儿土壤含水率在垂直及水平方向的空间分布特征如图 8-7 所示。不同平茬处理的柠条锦鸡儿土壤含水率随水平和垂直距离的增加总体呈逐渐减小的趋势。垂直方向表现为，各处理的土壤含水率平均值的变幅表现出 CK 为 2.56%~4.99%，0cm 平茬处理为 2.62%~5.32%，10cm 平茬处理为2.71%~5.65%，20cm 平茬处理为 2.58%~5.21%。通过比对不同平茬处理的土壤含水率，结果显示，对于相同土层而言，10cm 平茬处理的柠条锦鸡儿土壤含水率高于其他平茬处理，CK 的土壤含水率总体偏低，且 CK、0cm 平茬处理、10cm平茬处理和20cm 平茬处理的最大含水率比最小含水率分别高 14.92%、103.05%、108.49%和101.94%。0~40cm 土层的含水率为最大，其次为 60~80cm 土层，而40~60cm 土层含水率较其相邻土层明显偏低。这是由 40~60cm 处分布有轻微的钙积层土壤所致。

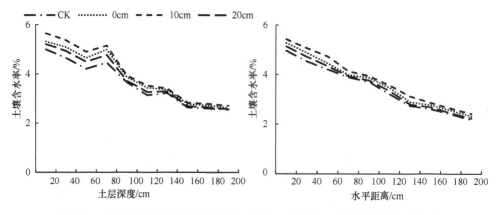

图 8-7　不同平茬处理对柠条锦鸡儿土壤含水率垂直、水平空间分布的影响

水平方向表现为，各处理（CK、0cm、10cm、20cm）的柠条锦鸡儿不同土层土壤含水率的平均值变幅分别为 2.17%~4.96%、2.32%~5.28%、2.43%~5.44%、2.23%~5.13%。在 0~40cm 土层处，各平茬处理（CK、0cm、10cm、20cm）土壤含水率的平均值分别为 4.75%、5.08%、5.25%和4.93%。在 160~200cm 土层处，不同平茬处理（CK、0cm、10cm、20cm）土壤含水率的平均值分别为 2.29%、2.44%、2.53%和2.37%。

不同平茬处理，10cm 处理的柠条锦鸡儿各土层的土壤含水率最大，CK 各土层的土壤含水率最小，0cm 和 20cm 处理的柠条锦鸡儿各土层的土壤含水率居中。

## 8.3　土壤含水率与柠条锦鸡儿根系形态指标的相关性分析

对不同平茬处理的柠条锦鸡儿各土层土壤含水率的平均值与其根系各项形态指标进行相关性分析（表 8-1），结果表明，柠条锦鸡儿的土壤含水率与根系生长呈极显著正相关关系，具体表现为土壤含水率与根系总根长、根体积、比根长的相关系数分别为 0.725、0.740、0.570。

**表 8-1　土壤含水率与柠条锦鸡儿根系形态指标的相关性分析**

| 指标 | 土壤含水率 | 总根长 | 根体积 | 比根长 |
| --- | --- | --- | --- | --- |
| 土壤含水率 | 1 | 0.725 | 0.740 | 0.570 |
| 总根长 | 0.725 | 1 | 0.842 | 0.798 |
| 根体积 | 0.740 | 0.842 | 1 | 0.827 |
| 比根长 | 0.570 | 0.798 | 0.827 | 1 |

注：以上相关性水平均在 0.01 水平下

# 8.4　讨论与结论

**1. 讨论**

平茬是一种有效的灌木更新复壮措施。柠条锦鸡儿灌丛生长状况会随着林龄的升高而降低，栽植多年如果不进行平茬处理，则表现为生长缓慢，情况更差时则停止生长（郭亚君，2016）。柠条锦鸡儿平茬可以调整柠条林的结构特征，提高其生物量。本研究对柠条锦鸡儿采用了距地表 0cm 平茬、10cm 平茬、20cm 平茬、CK 这四种半茬处理，结果表明，半茬处理的柠条锦鸡儿比 CK 生长更新及再生能力强。植物根系的空间分布关系受到诸多因素控制，如植被自身性质、栽植密度、栽植年限、立地条件、降水量、土壤性质等（Johnson et al.，2001）。植物的根系分布主要体现在根系垂直分布的差异性，即根系分布在空间分布上是不均匀的（宇万太和于永强，2001）。植物根系生长发育动态及形态特征是由植物本身的生物学特性和环境因素共同作用的结果。水分条件变化常常导致根系的生长和分布的差异，而根系的生长变化和分布会根据土壤水分的供给状况做出综合适应性反应（张娜和梁一民，2002），植被群落根系分布深度决定了植被的水分和养分的供给状况（陈佐忠，2005）。

本试验中，在 200cm×200cm 的空间范围内，对柠条锦鸡儿进行不同平茬处理，研究其不同径级根系形态指标及土壤水分的垂直、水平分布特征，结果显示，在垂直方向上，不同平茬处理的柠条锦鸡儿不同径级根系的形态指标及土壤含水率在各土层中随着土层深度的增加，垂直距离为 0～40cm 土层的含水率及根系的各项形态指标值达到最高，其次垂直距离为 60～80cm 的土层含水率及根系的各项形态指标值较高，而 40～60cm 土层含水率及根系的各项形态指标值较其相邻土层明显偏低。这是由于 40～60cm 处分布有轻微的钙积层土壤，钙积层土壤土层结构紧实、通透性差，土壤水分向下流通及根系向下扎根的难度增加，因此 40～60cm 土层的土壤含水率及根系的各项形态指标值较其相邻土层明显偏低。这一规律与杨峰等（2011）对毛乌素沙地沙柳根系与土壤水分特征的研究规律一致。牛存洋等（2015）的研究表明，科尔沁地区小黄柳、黄竹子、白柠条等固沙植物根系也呈浅层分布且土壤含水率及根系趋于减少，这与本研究的结果是一致的。对于此研究区，土壤中的水分主要靠降雨来补充，虽然土壤浅层中分布着大量的柠条根系，但其土壤水分仍然保持较高的水平，产生这种现象说明了在生长季降水补充土壤水分过程中，土壤含水量可维持植被的正常生长需要，但根据其深层土壤水分的急剧降低趋势分析其降水补充的水分基本保留在浅层土壤，很难补充深层土壤水分，多数降水在浅层土壤中被植物利用或在地表蒸发，这也是其根系表现出浅层分布特征的有效原因之一。

在水平方向上，随着水平距离的增加，柠条锦鸡儿的土壤含水率及根系的各项形态指标值趋于减少。王文等（2013）对黄土丘陵地区白刺的土壤水分及根系分布的研究发现，在水平方向上，随着水平距离的增加根的根长和根体积及土壤水分逐渐减少，这与本研究的结果是一致的。杨胜利等（2009）对樱桃树根系的空间分布特征进行研究，发现在水平方向的分布上，从树干开始向外随着距树干距离的增加根系干质量、体积、表面积及根长等参数逐渐减小。这一规律主要是由根系具有吸收和截留水分的作用造成的，因此随着水平距离的增加根系分布减少，其土壤水分也降低。

### 2. 结论

1）不同平茬处理的柠条锦鸡儿不同径级根系呈浅层化分布，根系主要集中分布在 0～40cm 土层，在 180～200cm 土层中根系所占比例甚少。根系的各项形态指标空间分布规律基本一致，总体均表现出随着土层深度及水平距离的增加而减少。不同平茬处理的柠条锦鸡儿不同径级根系的各项形态指标在垂直及水平 0～200cm 土层中各土层根系对应的形态指标占比的顺序为 10cm 平茬＞0cm 平茬＞20cm 平茬＞CK。

2）不同平茬处理柠条锦鸡儿的土壤水分的空间分布与根系的各项形态指标空间分布规律相似，且根系分布与同空间内土壤水分存在正相关关系，土壤含水率与根系总根长、根体积、比根长的相关系数分别为 0.725、0.740、0.570。

# 参 考 文 献

安渊, 李博, 杨持, 等. 2001. 植物补偿性生长与草地可持续利用研究. 中国草地, (6): 2-6.

毕建琦, 杜峰, 梁宗锁, 等. 2006. 黄土高原丘陵区不同立地条件下柠条根系研究. 林业科学研究, 19(2): 225-230.

蔡昆争, 吴学祝. 2008. 不同生育期水分胁迫对水稻根叶渗透调节物质变化的影响. 植物生态学报, (2): 491-500.

曹成有, 朱丽辉, 蒋德明. 2007. 科尔沁沙地不同人工植物群落对土壤养分和生物活性的影响. 水土保持学报, 21(1): 168-179.

曹致中, 曹亦芬. 1992. 甘肃河西地区苜蓿多刈试验. 草与畜杂志, (4): 20.

陈托兄, 张金林, 陆妮, 等. 2006. 不同类型抗盐植物整株水平游离脯氨酸的分配. 草业学报, 15(1): 36-41.

陈佐忠. 2005. 草地科学研究的巨著《羊草生物生态学》. 草地学报, (1): 8.

成向荣, 黄明斌, 邵明安. 2007. 神木水蚀风蚀交错带主要人工植物细根垂直分布研究. 西北植物学报, 30(3): 321-327.

成向荣, 黄明斌, 邵明安. 2008. 沙地小叶杨和柠条细根分布与土壤水分消耗的关系. 中国水土保持科学, 6(5): 77-83.

成向荣, 赵忠, 郭满才, 等. 2006. 刺槐人工林细根垂直分布模型的研究. 林业科学, 42(6): 40-48.

程立平, 刘文兆. 2001. 黄土塬区土壤水分分布特征及其对不同土地利用方式的响应. 农业工程学报, 27(9): 203-207.

程瑞梅, 王瑞丽, 肖文发, 等. 2012. 三峡库区马尾松根系生物量的空间分布. 生态学报, 32(3): 823-832.

党晓宏, 高永, 汪季, 等. 2013. 沙棘林能源价值及平茬复壮技术研究. 干旱区资源与环境, 27(2): 176-180.

丁军, 王兆骞, 陈欣, 等. 2002. 红壤丘陵区林地根系对土壤抗冲增强效应的研究. 水土保持学报, 16(4): 9-12.

丁志刚, 任安海, 苏亮明. 2005. 浅谈沙柳的生物学特性, 自然分布及平茬复壮技术. 内蒙古林业调查设计, (S1): 36-37, 39.

董雪. 2013. 沙冬青平茬技术及刈割后生理生化特性研究. 内蒙古农业大学硕士学位论文.

杜占池, 杨宗贵. 1989. 刈割对羊草光合特性影响的研究. 植物生态学与地植物学学报, 13(4): 317-324.

方能虎, 洪法水, 赵贵文. 2001. 稀土元素对水稻种子萌发初期的酶活性和内源激素含量的动态影响. 稀土, (1): 31-34.

高森, 田庆金, 侯九寰, 等. 2010. 平茬对银杏叶产量质量影响的研究. 山东林业科技, 40(4): 63-65.

高天鹏, 方向文, 李金花, 等. 2009. 水分对柠条萌蘖株和未平茬株光合参数及调渗物质的影响.

草业科学, 26(5): 103-109.

高雪松, 邓良基, 张世熔. 2005. 不同利用方式与坡位土壤物理性质及养分特征分析. 水土保持学报, 19(2): 53-56.

高玉寒, 姚云峰, 郭月峰, 等. 2017. 柠条锦鸡儿细根表面积密度对土壤水分空间分布的响应. 农业工程学报, 33(5): 136-142.

耿文诚, 铁云华, 邵学芬, 等. 2007. 刈割对白三叶种子田植被高度生长的影响(简报). 草业学报, 16(6): 146-149.

顾静, 赵景波, 周杰, 等. 2009. 咸阳附近苹果林地土壤水分动态与水分平衡研究. 自然资源学报, 24(5): 898-906.

郭亚君. 2016. 平茬高度对沙棘更新复壮的影响. 内蒙古林业调查设计, 39(5): 35, 36, 56.

郭忠升. 2009. 半干旱区柠条林利用土壤水分深度和耗水量. 水土保持通报, 29(5): 69-72.

何明珠, 王辉, 陈智平. 2006. 荒漠植物持水力研究. 中国沙漠, (3): 403-408.

何文彬. 2012. 刈割对华北驼绒藜补偿生长的影响. 畜牧与饲料科学, 33(11): 111.

侯扶江. 2001. 放牧对牧草光合作用、呼吸作用和氮、碳吸收与转运的影响. 应用生态学报, (6): 938-942.

侯庆春, 韩蕊莲. 2000. 黄土高原植被建设中的有关问题. 水土保持通报, 20(2): 53-56.

侯振宏, 贺康宁, 张小全. 2003. 晋西黄土高原半干旱区刺槐林分需水量的研究. 水土保持学报, 17(4): 180-183.

侯志强, 彭祚登, 关瑞芳, 等. 2009. 平茬高度对沙枣萌条生长的影响. 河北林果研究, 24(2): 172-175.

胡小宁, 赵忠, 袁志发, 等. 2010. 黄土高原刺槐林细根生长与土壤水分的耦合关系. 林业科学, 46(12): 30-35.

黄惠坤. 1988. 修剪强度对乌桕产量的影响. 广西植物, (1): 101-104 , 107, 108.

贾淑霞, 赵妍丽, 丁国泉, 等. 2010. 落叶松和水曲柳不同根序细根形态结构、组织氮浓度与根呼吸的关系. 植物学报, 45(2): 174-181.

李根前, 唐德瑞, 赵一庆. 2000. 毛乌素沙地中国沙棘平茬更新的萌蘖生长与再生能力. 沙棘, (4): 9-12.

李建华, 董娜, 陈玉玲. 2010. 高校植物生理学实验教学改革探索. 河北师范大学学报(教育科学版) , 12(4): 114-116.

李龙, 姚云峰, 秦富仓. 2015. 黄花甸子流域土壤全氮、速效磷、速效钾的空间变异. 生态学杂志, 34(2): 373-379.

李楠, 廖康, 成小龙, 等. 2012. '库尔勒香梨'根系分布特征研究. 果树学报, 29(6): 1036-1039.

李鹏, 赵忠, 李占斌. 2004. 黄土高原刺槐根系垂直分布特征研究. 林业科学, 15(2): 87-92.

李唯, 倪郁, 胡自治, 等. 2003. 植物根系提水作用研究述评. 西北植物学报, 23(6): 1056-1062.

李向义, Thomas F M, Foetzki A, 等. 2003. 自然状况下头状沙拐枣对水分条件变化的响应. 植物生态学报, (4): 516-521.

李耀林. 2011. 黄土丘陵半干旱区多年生柠条林平茬效应研究. 中国科学院研究生院(教育部水土保持与生态环境研究中心) 硕士学位论文.

李应罡, 徐新文, 李生宇, 等. 2008. 沙漠公路防护林乔木状沙拐枣的平茬效益分析. 干旱区资源与环境, (8): 196-200.

李玉山. 2001. 黄土高原森林植被对陆地水循环影响的研究. 自然资源学报, 16(5): 427-432.

李跃强, 盛承发. 1996. 植物的超越补偿反应. 植物生理学通讯, (6): 457-464.

廖伟彪. 2006. 刈割高度对无芒隐子草(*Cleistogenes songorica*) 生长的影响. 兰州大学硕士学位论文.

刘晨峰, 尹婧, 贺康宁. 2004. 林下植被对半干旱区不同密度刺槐林地土壤水分环境的指示作用. 中国水土保持科学, 2(2): 62-68.

刘东焕, 赵世伟, 高荣孚, 等. 2002. 植物光合作用对高温的响应. 植物研究, (2): 205-212.

刘佳. 2010. 亚热带主要树种细根归属识别与形态构型特征分析. 中南林业科技大学硕士学位论文.

刘俊, 刘崇怀. 2006. 龙眼葡萄棚架栽培条件下的根系分布. 果树学报, 23(3): 379-383.

刘立波, 孟庆彬, 张志环, 等. 2012. 平茬对胡枝子萌生枝条生长及产量的影响. 林业科技开发, 26(4): 123-126.

刘龙, 姚云峰, 郭月峰, 等. 2017. 农牧交错带柠条锦鸡儿根系与土壤水分空间关系研究. 中国农业科技导报, 19(7): 101-107.

刘沛松, 郝卫平, 李军, 等. 2011. 宁南旱区苜蓿草地土壤水分和根系动态分布拟合曲线特征. 河北农业大学学报, 34(4): 29-34.

刘思禹, 姚云峰, 郭月峰, 等. 2017. 不同坡位对柠条锦鸡儿根系特性及游离氨基酸含量的影响. 中国农业科技导报, 19(6): 111-116.

刘晓冰, 王光华. 2001. 根系研究的现状与展望(上). 世界林业, 8(268): 33-35.

刘晓丽. 2013. 黄土丘陵区枣林深层细根分布与土壤水分特征研究. 西北农林科技大学博士学位论文.

芦娟, 柴春山, 蔡国军, 等. 2011. 不同留茬高度处理对柠条更新能力的影响. 防护林科技, (4): 45-47.

马理辉, 吴普特, 汪有科. 2012. 黄土丘陵半干旱区密植枣林随树龄变化的根系空间分布特征. 植物生态学报, 36(4): 292-301.

马天琴. 2017. 不同平茬高度对沙柳生长状况的影响研究. 内蒙古农业大学硕士学位论文.

马天琴, 王强, 刘艳玉, 等. 2017. 不同平茬高度对沙柳生长的影响. 国土绿化, (6): 49-51.

马元喜. 1999. 小麦的根. 北京: 中国农业出版社: 262.

苗玉新. 2005. 大田作物研究法概述. 黑龙江农业科学, (3): 50-52.

莫保儒, 蔡国军, 杨磊, 等. 2013. 半干旱黄土区成熟柠条林地土壤水分利用及平衡特征. 生态学报, 13(33): 4011-4020.

莫保儒, 王子婷, 蔡国军, 等. 2014. 半干旱黄土区成熟柠条林地剖面土壤水分环境及影响因子研究. 干旱区地理, 37(6): 1207-1215.

牛存洋, 阿拉木萨, 刘亚, 等. 2015. 科尔沁沙地固沙植物根系与土壤水分特征研究. 干旱区资源与环境, (10): 106-111.

牛海, 李和平, 赵萌莉, 等. 2008. 毛乌素沙地不同水分梯度根系垂直分布与土壤水分关系的研究. 干旱区资源与环境, 22(2): 157-163.

牛西午. 1998. 柠条生物学特性研究. 华北农学报, 13(4): 122-129.

牛西午, 丁玉川, 张强, 等. 2003. 柠条根系发育特征及有关生理特性研究. 西北植物学报, 23(5): 860-865.

潘成忠, 上官周平. 2003. 黄土半干旱丘陵区陡坡地土壤水分空间变异性研究. 农业工程学报, 19(6): 5-9.

彭文栋, 张秀红, 朱建宁, 等. 2009. 退耕护岸林地柠条不同种植密度对土壤水分及牧草组成的影响研究. 宁夏农林科技, (2): 15-17.

祁娟, 徐柱, 王海清, 等. 2009. 旱作条件下披碱草属植物叶的生理生化特征分析. 草业学报, 18(1): 39-45.

秦玲, 魏钦平, 李嘉瑞. 2006. 成龄苹果树形改造对根系生长分布的影响. 果树学报, 23(1): 105-107.

任海彦, 郑淑霞, 白永飞. 2009. 放牧对内蒙古锡林河流域草地群落植物茎叶生物量资源分配的影响. 植物生态学报, 33(6): 1065-1074.

莎仁图雅. 2009. 内蒙古大青山油松人工林水分特征的研究. 内蒙古农业大学博士学位论文.

单长卷. 2004. 黄土高原不同立地刺槐林水分关系研究. 西北农林科技大学硕士学位论文.

单长卷, 梁宗锁, 郝文芳. 2003. 黄土高原刺槐林生长与土壤水分关系研究进展. 西北植物学报, (8): 1341-1346.

单长卷, 梁宗锁. 2006. 黄土高原刺槐人工林根系分布与土壤水分的关系. 中南林学院学报, 26(1): 19-21.

单长卷, 徐新娟, 王光远, 等. 2007. 冬小麦幼苗根系适应土壤干旱的生理学变化. 植物研究, 27(1): 55-58.

沈泽昊, 张新时, 金义兴. 2000. 地形对亚热带山地景观尺度植被格局影响的梯度分析. 植物生态学报, 24(4): 430-435.

师伟. 2008. 帽儿山天然次生林 20 个阔叶树种细根形态与叶形态的比较研究. 东北林业大学硕士学位论文.

施积炎, 袁小凤, 丁贵杰. 2000. 作物水分亏缺补偿与超补偿效应的研究现状. 山地农业生物学报, (3): 226-233.

史建伟, 于水强, 于立忠, 等. 2006. 微根管在细根研究中的应用. 应用生态学报, 17(4): 715-719.

舒洪岚. 2007. 探地雷达在植物根系研究中的应用. 江西林业科技, (5): 32, 33.

司建华, 冯起, 李建林, 等. 2007. 荒漠河岸林胡杨吸水根系空间分布特征. 生态学杂志, 26(1): 1-4.

宋述军, 李辉霞, 张建国. 2003. 黄土高原坡地单株植物下的微地形研究. 山地学报, 1(21): 106-109.

孙曰波, 赵从凯. 2009. 根系研究方法进展. 潍坊高等职业教育, 5(1): 52-55.

田迅, 高凯, 张丽娟, 等. 2015. 坡位对土壤水分及植被空间分布的影响. 水土保持通报, (5): 12-16.

汪诗平, 王艳芬. 2001. 不同放牧率下糙隐子草种群补偿性生长的研究. 植物学报, (4): 413-418.

王峰, 左忠, 张浩, 等. 2005. 柠条饲料加工相关问题的探讨. 草业科学, (6): 75-80.

王福林, 潘铭. 1998. 黄土丘陵区沙棘造林抗旱指标初探. 沙棘, (2): 7-9.

王进鑫, 王迪海, 刘广全. 2004. 刺槐和侧柏人工林有效根系密度分布规律研究. 西北植物学报, 24(12): 2208-2214.

王静, 杨持, 韩文权, 等. 2003. 刈割强度对冷蒿可溶性碳水化合物的影响. 生态学报, (5): 908-913.

王克勤, 王斌瑞. 2002. 黄土高原刺槐林间伐改造研究. 应用生态学报, 13(1): 11-15.

王琳琳, 陈云明, 张飞, 等. 2010. 黄土丘陵半干旱区人工林细根分布特征及土壤特性. 水土保持通报, 30(4): 27-31.

王孟本, 陈建文, 史建伟, 等. 2010. 柠条人工幼林细根生长和死亡的季节变化. 生态学报, 30(19): 5121-5130.

王孟本, 李洪建, 柴宝峰. 1996 柠条的水分生理生态学特性. 植物生态学报, (6): 494-501.

王平平. 2014. 刈割驼绒藜(*Krascheninnikovia ceratoides*) 补偿生长特征与光合、水分生理特性. 内蒙古大学硕士学位论文.

王文, 蒋文兰, 谢忠奎, 等. 2013. 黄土丘陵地区唐古特白刺根际土壤水分与根系分布研究. 草业学报, 22(1): 20-28.

王向荣, 谷加存, 梅莉, 等. 2006. 水曲柳和落叶松细根形态及母根与子根比例关系. 生态学报, 26(6): 1686-1692.

王小华, 庄南生. 2008. 脯氨酸与植物抗寒性的研究进展. 中国农学通报, 24(11): 398-402.

王兴鹏, 张维江, 马轶, 等. 2005. 盐池沙地柠条的蒸腾速率与叶水势关系的初步研究. 农业科学研究, (2): 43-47.

王震. 2013. 不同留茬高度对四合木生长及生理生化特性的影响研究. 中国林业科学研究院硕士学位论文.

王志强, 刘宝元, 刘刚, 等. 2009. 黄土丘陵区人工林草植被耗水深度研究. 中国科学 D 辑: 地球科学, 52(6): 835-842.

王宗华. 2006. 草障植物带林木平茬复壮技术试验. 防护林科技, (S1): 4, 5.

韦兰英, 上官周平. 2007. 黄土高原子午岭天然柴松林细根垂直分布特征. 西北农林科技大学学报(自然科学版), 35(7): 69-74.

韦兰英. 2007. 黄土高原不同演替阶段草地植被细根分布及其生态特征研究. 西北农林科技大学硕士学位论文.

卫星, 张国珍. 2008. 树木细根主要研究领域及展望. 中国农学通报, 24(5): 143-147.

魏国良, 汪有科, 王得祥, 等. 2010. 梨枣人工林有效吸收系密度分布规律研究. 西北农林科技大学学报(自然科学版), 38(1): 133, 138.

魏怀东, 纪永福, 周兰萍, 等. 2007. 腾格里沙漠南缘 4 种沙生灌木平茬试验. 防护林科技, (6): 1-3, 11.

魏天军, 李百云. 2009. 宁夏旱砂地和灌区枣树根系生长发育调查. 现代农业科技, 13: 87, 88.

魏孝荣, 邵明安. 2007. 黄土高原沟壑区小流域坡地土壤养分分布特征. 生态学报, 27(2): 603-612.

温达志, 魏平. 1999. 鼎湖山南亚热带森林细根生产力与周转. 植物生态学报, 23(4): 361-369.

邬玉明. 2001. 柠条锦鸡儿平茬复壮技术. 内蒙古林业科技, (S1): 60-64.

吴进东. 2001. 刈割频度和强度对红三叶与黑麦草混播草地生产力的影响. 皖西学院学报, (4): 96, 97.

肖春旺. 2001. 毛乌素沙地优势植物对全球气候变化的响应研究. 中国科学院植物研究所博士学位论文.

解婷婷, 张希明, 梁少民, 等. 2008. 不同灌溉量对塔克拉玛干沙漠腹地梭梭水分生理特性的影响. 应用生态学报, (4): 711-716.

谢志良. 2009. 膜下滴灌水氮对棉花根系构型的影响. 棉花学报, 21(6): 508-514.

熊德成. 2012. 亚热带 6 种常绿阔叶林树种细根结构和功能异质性研究. 福建师范大学硕士学位论文.

徐荣. 2004. 宁夏河东沙地不同密度柠条灌丛草地水分与群落特征的研究. 中国农业科学院博

士学位论文.

许德生, 赵翠平, 德永军, 等. 2008. 不同带间距柠条林林地土壤水分变化特征. 内蒙古农业大学学报, 29(4): 55-57.

许喜明, 陈海滨, 原焕英, 等. 2006. 黄土高原半干旱区人工林地土壤水分环境的研究. 西北林学院学报, 21(5): 60-64.

闫志坚, 杨持, 高天明. 2006. 平茬对岩黄芪属植物生物学性状的影响. 应用生态学报, (12): 2311-2315.

严登华, 王浩, 王芳, 等. 2007. 我国生态需水研究体系及关键研究命题初探. 水利学报, 38(3): 267-273.

燕辉, 刘广全, 李红生. 2010. 青杨人工林根系生物量、表面积和根长密度变化. 应用生态学报, 21(11): 2763-2768.

杨婵婵. 2013. 阿克苏地区幼中龄期枣树根系空间分布特征研究. 新疆师范大学硕士学位论文.

杨峰, 王文科, 刘立, 等. 2011. 毛乌素沙地沙柳根系与土壤水分特征的研究. 安徽农业科学, 39(26): 16050-16052.

杨劼, 高清竹, 李国强, 等. 2002. 皇甫川流域主要人工灌木水分生态的研究. 自然资源学报, (1): 87-94.

杨九艳, 杨劼, 杨明博, 等. 2005. 5 种锦鸡儿属植物渗透调节物质的变化. 内蒙古大学学报(自然科学版), (6): 79-84.

杨磊, 卫伟, 陈利顶, 等. 2012. 半干旱黄土丘陵区人工植被深层土壤干化效应. 地理研究, 31(1): 71-80.

杨汝媛. 1975. 杨树不同平茬高度对产条质量和数量的影响. 农林科学实验, (2): 11-13.

杨胜利, 刘洪禄, 郝仲勇, 等. 2009. 畦灌条件下樱桃树根系的空间分布特征. 农业工程学报, 25(S1): 34-38.

杨文治, 韩仕峰. 1985. 黄土丘陵区人工林草地的土壤水分生态环境. 中国科学院西北水土保持研究所集刊, 2: 18-28.

杨文治. 2001. 黄土高原土壤水资源与植树造林. 自然资源学报, 16(5): 433-438.

姚建成, 梁海荣, 张松林, 等. 2009. 沙柳平茬不同留茬高度对比试验. 内蒙古林业科技, 35(4): 35-36.

姚丽杰. 2016. 不同平茬类型对朝阳县域野生平榛丰产效果的影响. 林业科技通讯, (8): 12-14.

姚雪玲, 傅伯杰, 吕一河. 2012. 黄土丘陵沟壑区坡面尺度土壤水分空间变异及影响因子. 生态学报, 16(32): 4961-4968.

雍文, 魏卫东, 马振江, 等. 2006. 灵武长枣树根系观察. 宁夏农林科技, 1: 7, 8.

余新晓, 张建军, 朱金兆. 1996. 黄土地区防护林生态系统土壤水分条件的分析与评价. 林业科学, 32(4): 289-297.

宇万太, 于永强. 2001. 植物地下生物量研究进展. 应用生态学报, (6): 927-932.

张晨成, 邵明安, 王云强. 2012. 黄土区坡面尺度不同植被类型下土壤干层的空间分布. 农业工程学报, 28(17): 102-108.

张海娜. 2011. 柠条锦鸡儿平茬后补偿生长的生理生态机制. 甘肃农业大学硕士学位论文.

张宏芝, 朱清科, 王晶, 等. 2011. 陕北黄土坡面微地形土壤物理性质研究. 水土保持通报, 6(31): 55-58.

张劲松, 孟平. 2004. 石榴树吸水根根系空间分布特征. 南京林业大学学报(自然科学版), 28(4): 89-91.

张劲松, 孟平, 尹昌君. 2002. 果农复合系统中果树根系空间分布特征. 林业科学, 38(4): 30-33.

张俊娥. 2001. 中国枣品种资源花粉生物学特性研究. 山西农业硕士学位论文.

张荔, 姜维新. 2007. 小红柳平茬复壮更新及利用技术研究. 内蒙古林业科技, (1): 29-31

张良德, 徐学选, 胡伟, 等. 2011. 黄土丘陵区燕沟流域人工刺槐林的细根空间分布特征. 林业科学, 47(11): 31-38.

张娜, 梁一民. 2002. 干旱气候对白羊草群落地下部生长影响的初步观察. 应用生态学报, (7): 827-832.

张硕新, 申卫军, 张远迎. 2000. 六种木本植物木质部栓塞化生理生态效应的研究. 生态学报, 20(5): 788-794.

张喜英, 袁小良, 韩润娥, 等. 1994. 冬小麦根系生长规律及土壤环境条件对其影响的研究. 生态农业研究, 2(3): 62-68.

张欣. 2012. 砒砂岩区生物缓冲带生态效益探究. 内蒙古农业大学硕士学位论文.

张学权. 2003. 林地土壤水分研究概述. 西昌农业高等专科学校学报, 17(1): 81-84.

张盈玉, 马荣才. 2009. 参与植物防御反应的LRR型蛋白结构与功能. 中国农业科技导报, 11(3): 12-18.

张宇清, 朱清科, 齐实, 等. 2005. 梯田埂坎立地植物根系分布特征及其对土壤水分的影响. 生态学报, 25(3): 45-50.

张振立, 胡生荣, 李成福, 等. 2004. 七里沙沙柳衰退原因及复壮更新措施的探讨. 内蒙古林业科技, (4): 3-5.

张志山, 李新荣, 王新平, 等. 2005. 沙漠人工植被区的蒸发蒸腾. 生态学报, (10): 2484-2490.

张志山, 李新荣, 张景光, 等. 2006. 用 Minirhizotron 观测柠条根系生长动态. 植物生态学报, 30(3): 457-464.

章家恩, 刘文高, 陈景青, 等. 2005. 不同刈割强度对牧草地上部和地下部生长性状的影响. 应用生态学报, (09): 1740-1744

赵荟, 朱清科, 秦伟, 等. 2010. 黄土高原干旱阳坡微地形土壤水分特征研究. 水土保持通报, 30(3): 64-68.

赵君祥, 韩树文. 2010. 冀北衰老山杏林平茬更新配套系列技术. 河北林业科技, (3): 74

赵文魁, 童建华, 谢深喜, 等. 2008. 干旱胁迫对枳橙内源激素含量的影响. 现代生物医学进展, 08(9): 1662-1664.

赵忠, 李剑, 袁志发, 等. 2009. 黄土沟坡刺槐林地土壤水分垂直变化的数学模型. 林业科学, 45(10): 9-13.

赵忠, 李鹏, 王乃江. 2000. 渭北黄土高原主要造林树种根系分布特征的研究. 应用生态学报, 11(2): 38-40.

郑士光. 2009. 燃料型柠条能源林老林复壮及平茬技术研究. 北京林业大学硕士学位论文.

郑士光, 贾黎明, 庞琪伟, 等. 2010. 平茬对柠条林地根系数量和分布的影响. 北京林业大学学报, 32(3): 64-69.

中国科学院南京土壤研究所. 1978. 土壤理化分析. 上海: 上海科学技术出版社: 593.

钟秀琼, 钟声. 2007. 刈割对牧草影响的研究概况. 草业与畜牧, (5): 22-25.

周晓红, 王国祥, 杨飞, 等. 2008. 刈割对生态浮床植物黑麦草光合作用及其对氮磷等净化效果的影响. 环境科学, (12): 3393-3399.

朱维琴, 吴良欢. 2003. 干旱逆境下不同品种水稻叶片有机渗透调节物质变化研究. 土壤通报, (1): 25-28.

朱小虎, 陈虹, 张立宇. 2009. 核棉间作下核桃根系生长及与地上部生长相关性研究. 北方园艺, (8): 104-106.

朱衍杰, 张秀省, 穆红梅, 等. 2012. 植物根系生长与研究方法的进展. 北方园艺, (20): 176-179.

朱元龙, 王桑, 林永刚, 等. 2011. 黄土高原丘陵区柠条根系生长于发育特性研究. 水土保持通报, 31(4): 232-237.

Aber J D, Melillo J M, Nadelhoffer K J, et al. 1985. Fine root turnover in forest ecosystems in relation to quantity and form of nitrogen availability-a comparison of 2 methods. Oecologia, 66: 317-321.

Albertson F W, Riegel A, Launchbaugh J L. 1953. Effects of different intensities of clipping on short grasses in west-central Kanasas. Ecology, 34(1): 1-20.

Bai W M, Cheng W X, Li L H. 2005. Applications of minirhizotron techniques to root ecology research. Acta Ecologica Sinica, 25(11): 3076-3081.

Bakker M R, Turpault M P, Huet S, et al. 2008. Root distribution of *Fagus sylvatica* in a chronosequence in western France. Journal of Forest Research, 13: 176-184.

Barton C V M, Montagu K D. 2004. Detection of tree roots and determination of root diameters by ground penetrating radar under optimal conditions. Tree Physiol, 24: 1323-1331.

Beaudoin N, Serizet C, Gosti F, et al. 2000. Interactions between abscisic acid and ethylene signaling cascades. Plant Cell, 12(7): 1103-1115.

Belesky D P, Fedders J M. 1994. Defoliation effects on seasonal production and growth rate of cool-season grasses. Agronomy Journal, 86(1): 38-45.

Belsky A J, Carson. P, Jensen C L, et al. 1993. Overcompensation by plants: herbivore optimization of red herring? Evolutionary Ecology, 7: 109-121.

Böhm W, Köpke U. 1977. Comparative root investigations with two profile wall methods. Z Acker-Pflanzenbau, 144: 297-303.

Borzenkova R A, Borovkova M P. 2003. Development patterns of phytohormone content in the cortex and pith of potato tubers as related to their growth an starch content. Russ J Plant Physiol, 50: 129-135.

Bowen B J, Pate J S. 1993. The significance of root starch in post-fire shoot recovery of the resprouter *Stitlingia latifolia* R. Br.(Proteaceae). Ann Bot, 72: 7-16.

Bronstein J L. 1994. Conditional outcomes in mutualistic interactions. Trends Ecol Evol, 9: 214-217.

Brunner I, Luster J, Günthardt-Goerg M S, et al. 2008. Heavy metal accumulation and phytostabilisation potential of tree fine roots in a contaminated soil. Environmental Pollution, 152(3): 559-568.

Burke M K, Raynal D J. 1994. Fine root growth phenology, production, and turnover in a northern hardwood forest ecosystem. Plant & Soil, 162(1): 135-146.

Butnor J R, Doolittle J A, Johnsen K H, et al. 2003. Utility of ground-penetrating radar as a root biomass survey tool in forest systems. Soll Sci Soc Am J, 67: 1607-1615.

Canadell J, López-Soria L. 1998. Lignotuber reserves support regrowth following clipping of two Mediterranean shrubs. Funct Ecol, 12(1): 31-38.

Chapin F S. 1991. Integrated responses of plants to stress. Bioscience, 41(1): 29-36.

Cheng X R, Huang M B, Shao M A. 2009. A comparison of fine root distribution and water consumption of mature *Caragana korshinkii* Kom grown in two soils in a semiarid region, China. Plant Soil, 315: 149-161.

Choat B, Drayton W M, Brodersen C, et al. 2010. Measurement of vulnerability to water stress-induced cavitation in grapevine: a comarison of four techniques applied to a long-vesseled species. Plant, Cell and Environment, 33: 1502-1512.

Comas L H, Eissenstat D M. 2009. Patterns in root trait variation among 25 co-existing North American forest species. New Phytologist, 182(4): 919-928.

Dickmann D I, Nguyen P V, Pregitzer K S. 1996. Effects of irrigation and coppicing on above-ground growth, physiology, and fine-root dynamics of two field-grown hybrid poplar clones. Forest Ecology and Management, 80: 163-174.

Dyer M I, Detling J K, Coleman D C, et al. 1982. The role of herbivores in grasslands // Estes J R, Tyrl R J and Brunken J N. Grasses and grasslands. University of Oklahoma Press, Oklahoma: 255-295.

Evans A S. 1991. Whole-plant responses of Brassica campestris to altered sink-source relations. American Journal of Botany, 78: 394-400.

Farnsworth E. 2004. Hormones and shifting ecology throughout plant development. Ecology, 85: 5-15.

Fischer S, Brienza J S, Vielhauer K, et al. 1998. Root distribution in enriched fallow vegetations in NE Amazonia, Brazil. Proceedings of the Third Shift Workshop, Manaus, Brazil, 15-19 March, 1998. A German Brazilian Research Program: 181-184.

Gill R A, Jackson R B. 2000. Global patterns of root turnover for terrestrial ecosystems. New Phytol, 147: 13-31.

Gregorich E G, Anderson D W. 1985. Effects of cultivation and erosion on soils of four toposequences in Canadian prairies. Geoderma, 36: 343-354.

Groat R G, Vance C P. 1981. Root nodule enzymes of ammonia assimilation in alfalfa (*Medicago sativa*). Plant Physiol, 68: 1208-1213.

Guitian R, Bardgett R D. 2000. Plant and soil microbial responses to defoliation in temperate seminatural grassland. Plant and Soil, 220(1-2): 271-277.

Guo D, Xia M, Wei X, et al. 2008. Anatomical traits associated with absorption and mycorrhizal colonization are linked to root branch order in twenty - three Chinese temperate tree species. New Phytologist, 180(3): 673.

Guo Z, Liu H, Wang Y. 2003. Effect of cutting on root growth in lucerne. Acta Botanica Boreali-occidentalia Sinica, 24(2): 215-220.

Harris R F, Chesters G, Allen O N. 1996. Dynamics of soil aggregation. Advance in Agronomy, 18: 107-169.

Hilbert D W, Swift D M, Dehing J K, et al. 1981. Relative growth rates an the grazing optimization hypothesis. Oecologia, 51: 14-48.

Hishi T. 2007. Heterogeneity of individual roots within the fine root architecture: causal links between physiological and ecosystem functions. Journal of Forest Research, 12(2): 126-133.

Holbrook N M, Putz F E. 1996. From epiphyte to tree: differences in leaf structure and leaf water relation associated with the transition in growth form in eight species of hemiepiphyte. Plant Cell Environ, 19: 631-642.

Jackson R B, Mooney H A, Schulze E D. 1997. A global budget for fine root biomass, surface area, and nutrient contents. Proceedings of the National Academy of Sciences, 94(14): 7362-7366.

Jaremo J, Tuomi J, Nilsson P, et al. 1999. Plant adaptations to herbivory: mutualistic versus antagonistic coevolution. Oikos, 84: 312-320.

Jipp P H, Nepstad D C, Cassel D K, et al. 1998. Deep soil moisture storage and transpiration in forest and pastures of seasonally dry Amazonia. Climate Change, 39: 395-412.

Johnson M G, Tingey D T, Phillips D L, et al. 2001. Advancing fine root research with minirhizotrons. Environmental & Experimental Botany, 45(3): 263.

Jordi M V, Ester P, Imma O, et al. 2002. Xylem hydraulic properties of roots and stems of nine Mediterranean species. Oecologia, 133(1): 19-29.

Kätterer T, Fabiao A, Madeira M, et al. 1995. Fine root dynamics, soil moisture and soil carbon content in a *Eucalyptus golbulus* plantation under different irrigation and fertilization regimes. For Ecol Manage, 74: 1-12.

Knapp A K, Seastedt T R. 1986. Detritus accumulation limits productivity of tall grass prairie. Bioscience, 36: 662-668.

Kosola K R, Eissenstat D M. 1994. The fate of surface roots of citrus seedlings in dry soil. J Exp Bot, 45: 1639-1645.

Kotov A A, Kotoca L M. 2000. The contents of auxins and cytokinins in pea internodes as related to the growth of lateral buds. J Plant physiol, 156: 438-448.

Kramer P J. 1982. Water relations among plants. New York: Academic Press: 6-9.

Kulenkamp A, Durmanov D. 1974. Geno und phänotypische Besonderheiten der Wurzelsysteme bei immergrünen und laubabwerfenden Obstarten. Beitr trop landwirtsch veterinärmed, 12: 57-68.

Leuschner C, Backes K, Hertel D, et al. 2001. Drought responses at leaf, stem and fine root levels of competitive *Fagus sylvatical* L. and *Quercus petraea* (Matt.) Liebl. trees in dry and wet years. For Ecol Manage, 149: 33-46.

Li A, Guo D, Wang Z, et al. 2010. Nitrogen and Phosphorus allocation in leaves, twigs, and fine roots across 49 temperate, subtropical and tropical tree species: a hierarchical pattern. Functional Ecology, 24(1): 224-232.

Li X X, Zeng R S, Liao H. 2016. Improving crop nutrient efficiency through root architecture modifications. Journal of Integrative Plant Biology, 58(03): 193-202.

Liu M Z, Jiang G M, Li Y G, et al. 2003. Leaf osmotic potential of 104 plant species in relation to habitats and plant functional types in Hunshandark Sandland, Inner Mongolia China. Tress, 17: 554-560.

Lortie C J, Aarssen L W. 2000. Fitness consequences of branching in *Verbascum thapasu* (Scrophulariaceae) . Am J Bot, 87: 1793-1796.

Ma L H, Wu P T, Wang Y K. 2012. Spatial distribution of roots in a dense jujube plantation in the semiarid hilly region of the Chinese Loess Plateau. Plant Soil, 354: 57-68.

Mainiero R, Kazda M. 2006. Depth-related fine root dynamics of *Fagus sylvatica* during exceptional drought. Forest ecology and management, 237: 135-142.

Marshall T J, Holmes J W, Rose C W. 1996. Soil physics. New York: Cambridge University Press.

Matthew F J, Yelerton F H. 2001. Plant growth regulator and mowing height effects on seasonal root growth of penncross creeping bentgrass. Crop Science, 41(6): 1901-1905.

McCleary B V, Sheehan H. 1987. Measurement of cereal a-amylase: a new assy procedure. J Cereal Sci, 6: 237-251.

Milchunas D G, Lauenroth W K. 1992. Carbon dynamics and estimates of primary production by harvest, $^{14}$C dilution, and $^{14}$C turnover. Ecology, 73: 593-607.

Muday G K, Delong K. 2001. Polar auxin transport: controlling where and how much. Trends Plant Sci, 6: 535-542.

Nagamatsu D, Hirabuki Y, Mochida Y. 2003. Influence of micro-landforms on forest structure, tree death and recruitment in a Japanese temperate mixed forest. Ecological Research, 18(5): 533-547.

Oliveira R S, Bezerra L, Davidson E A, et al. 2005. Deep root function in soil water dynamics in Cerrado savannas of central Brazil. Functional Ecology, 19: 574-581.

Osama K, Onoe M, Yamada H. 1985. NMR imaging for measuring root system and soil water content.

Environ Contol Biol, 23: 99-102.

Ovalles F A, Collins M E. 1986. Soil landscape relationships and soil variability in north central Florida. Soil Sci Soc Am J, 50: 401-408.

Paige K N, Whitham T G. 1987. Overcompensation in response to mammalian herbivory: the advantage of being eaten. American Naturalist, 129: 407-416.

Pate J S, Froend R H, Bowen B J, et al. 1990. Seedling growth and storage characteristics of seeder and resprouter species of Mediterranean type ecosystem of S. W. Australia. Annals of Botany, 65: 585-601.

Pena Rojas K, Aranda X, Joffre R, et al. 2005. Leaf morphology, photochemistry and water status changes in resprouting *Quercus ilex* during drough. Function Plant Biology, 35(2): 117-130.

Pettigrew W T. 2004. Physiological consequences of moisture deficit stress in cotton. Crop Science, 44(4): 1265-1272.

Pregitzer K S, Deforest J L, Burton A J, et al. 2002. Fine root architecture of nine North American trees. Ecological Monographs, 72(2): 293-309.

Pregitzer K S, Hendrick R L, Fogel R. 1993. The demography of fine roots in response to patches of water and nitrogen. New Phytol, 125: 575-580.

Pregitzer K S, Laskowski M J, Burton A J, et al. 1998. Variation in sugar maple root respiration with root diameter and soil depth. Tree Physiology, 18(10): 665-670.

Raich J W, Nadelhoffer K J. 1989. Belowground carbon allocation in forest ecosystems-global trends. Ecology, 70: 1346-1354.

Rebetez M, Dobbertin M. 2004. Climate change may alter already threaten Scots pine stands in the Swiss Alps. Theor Appl Climatol, 79: 1-9.

Ridge I. 1987. Ethylene and growth in amphibious plants // Crawford R M M. Plant Life in Aquatic and Amphibious Habitats. Oxford: Blackwell Science Publications: 53-76.

Robinson N, Harper R, Smettem K. 2006. Soil water depletion by *Eucalyptus* spp. integrated into dryland agricultural systems. Plant Soil, 286(1): 141-151.

Sanantonio D, Hermann R K. 1985. Standing crop, production, and turnover of fine roots on dry, moderate, and well watered sites of mature Douglas-fir in western Oregon. Ann Sci For, 42: 113-142.

Singh K P, Srivastava S K. 1985. Seasonal variations in the spatial distribution of root tips in teak (*Tectonia grandis* Linn. f.) plantations in the Varasani Forest Division. Plant Soil, 84: 93-104.

Smit A L, Bengough A G, Engels C. 2000a. Root Methods: A Handbook. Berlin: Springer: 147-233.

Smit A L, George E, Groenwold J. 2000b. Root observations and measurements at (transparent) interfaces with soil. Berlin: Springer-Verlag: 235-256.

Smucker A J M, Aiken R M. 1992. Dynamics root responses to water deficits. Soil Science, 154: 281-289.

Sofo A, Dichio B, Xiloyannis C. 2004. Lipoxygenase activity and proline accumulation in leaves and roots of olive trees in response to drought stress. Physiologia Plantarum, 121: 58-65.

Sperry J S, Stiller V, Hacke U G. 2002. Soil water uptake and water transport through root systems. New York: Marcel Dekker Inc.: 663-681.

Stone J A, Buttery B R. 1989. Nine forages and the aggregation of a clay loam soil. Canadian Journal of Soil Science, 69: 165-169.

Torreano S J, Morris L A. 1998. Loblolly pine root growth and distribution under water stress. Soil Sci Soc Am J, 62: 818-827.

Trmnble J K, Kolodny-Hirsch D M, Ting I P. 1993. Plant compensation for arthropod herbivory. Annual Review of Entomology, 38: 93-119.

Turner N C, Stern W R, Evans P. 1987. Water relations and osmotic adjustment of leaves and roots of lupins in response to water deficits. Crop Science, 27: 977-983.

Tyree M T, Ewers F W. 1991. The hydraulic architecture of trees and other woody plants. New Phytol, 119: 345-360.

Tyree M T, Sperry J S. 1989. Vulnerability of xylem to cavitation and embolism. Annu Rev Phys Mot Bio, 40: 19-38.

Vail S G. 1992. Selection for overcompensatory plant responses to herbivory: a mechanism for the evolution of plant-herbivore mutualism. The American Naturalist, 139: 1-8.

van der Heyden F, Stock W D. 1996. Regrowth of a semiarid shrub following simulated browsing: the role of reserve carbon. Funct Ecol, (10): 647-653.

Wallace L L, Macko S A. 1993. Nutrient acquisition by clipped plants as a measure of competitive success: the effects of compensation. Functional Ecology, 7(3) 326-331.

Watanabe S, Kojima K, Ide Y, et al. 2000. Effects of saline and osmotic stress on proline and sugar accumulation in *Populus euphratica in vitro*. Plant Cell Tissue and Organ Culture, 63: 199-206.

Wells C E, Eissenstat D M. 2002. Beyond the roots of young seedlings: the influence of age and order on fine root physiology. Journal of Plant Growth Regulation, 21(4): 324-334.

Ye Z H. 2002. Vasular tissue differentiation and pattern formation in plant. Annu Rev Plant Bio, 53: 183-202.

Zhou Z C, Shangguan Z P. 2007. Vertical distribution of fine roots in relation to soil factors in *Pinus tabulaeformis* Carr forest of the Loess Plateau of China. Plant Soil, 291: 119-129.

Zimmermann M H. 1978. Hydraulic arehitecture of some diffuse-Porous trees. Can J Bot, 56: 2286-2295.

Zimmermann M H. 1983. Xylem Structure and the Ascent of SAP. Berlin: Spring-Verlag: 2-20.